有益的病毒

[意] 圭多·西尔维斯特里 —— 著

刘敬龙 —— 译

Il Virus Buono

天津出版传媒集团

天津科学技术出版社

著作权合同登记号：图字02-2021-043号

图书在版编目（CIP）数据

有益的病毒 / (意) 圭多·西尔维斯特里著 ; 刘敬
龙译. -- 天津 : 天津科学技术出版社, 2022.10
　书名原文: Il Virus Buono
　ISBN 978-7-5576-9981-9

Ⅰ.①有… Ⅱ.①圭… ②刘… Ⅲ.①病毒—普及读
物 Ⅳ.①Q939.4-49

中国版本图书馆CIP数据核字(2022)第053157号

有益的病毒
YOUYI DE BINGDU
责任编辑：孟祥刚
责任印制：兰　毅
出　　版：天津出版传媒集团
　　　　　天津科学技术出版社
地　　址：天津市西康路35号
邮　　编：300051
电　　话：（022）23332490
网　　址：www.tjkjcbs.com.cn
发　　行：新华书店经销
印　　刷：三河市金元印装有限公司

开本 880×1230　1/32　印张 8.75　字数 188 000
2022年10月第1版第1次印刷
定价：68.00元

本书由克劳迪娅·施密德女士协助完成

前言

共存的艺术

这是一本关于人类、病毒，以及在两者之间艰难抉择的书。本书也会解释为什么我们的对手在现实中有时会格外残暴嗜血，有时又很温顺平和。

当我们面对威胁挑战时，我们如何能在与敌人斗争，以及与敌人妥协这两个选项中做出正确选择呢？在接下来的章节中我将试图回答这个问题，以及其他一些问题。我们先从我们最微小，却又最具威胁的敌人——病毒开始说起。我们与病毒有时候能够和平共存，有时候却又水火不容，因此我们会发现其实敌人与朋友之间并不存在明确的界线。事实上，我们是很难精准区分敌人与朋友的。在本书中，我们还将说明，无论战争还是和平，都要付出相应的代价，而击败敌人最好的办法往往就是化敌为友。

我们以战争为例，我们的身体就是一道（并非不惜一切代价）抵御入侵的防御工事，免疫细胞就是士兵，如果机体在面对病毒进攻时选择投降屈服，那么命运就会被病毒掌控。

我们做的这一类比最有意思的地方就是，大部分的病毒感染并不会以感染者的死亡宣告结束，而是正相反。目前为止，有两种常见的结果，而且都是无害的，我们接着用类比来说明吧。第一种是请求增援，用以暴制暴的方式镇压叛乱：免疫系统发现敌人并攻击它们，患者痊愈、病毒死亡。第二种是与入侵者达成协议。事实上，敲定一份折中方案会让每一方都有面子，而且更重要的是，没有谁的头会被砍下然后穿在长矛上绕城示众。病毒找到一个属于它自己的位置，在那里进行复制，不会对机体构成伤害，免疫系统监管着它们并给予它们自由的空间。

病毒的投机行为

当提到感染和免疫时，我们难免会用善恶二元论进行解读，用上"赢家""输家""好""坏"这些字眼。需要注意的是，这样的观点很片面，而且很有误导性。我们在前面也提到过，实际上，在自然界中最普遍的结果就是和平共存。病毒在人类和动物的机体里存活并且繁殖，而不会对机体构成伤害，显然，宿主的免疫系统决定妥协了。本书的核心思想就是，病毒和我们的免疫系统长期相互作用，基本集中在两种选择上：战斗或者共存。而选择与病毒共存，似乎可以为我们带来意想不到的好处。

和病毒一路走来，我们发现这些小东西与它们的宿主往往更喜欢坐下来共进晚餐，而非斗个你死我活。即便不是坐在同一张桌子上，也肯定会去同一家餐厅。原因其实很简单。病毒和宿主都朝着一个相同的目标努力着：同居，共存，把基因传下去。

我们会发现感染并不是一部分人赢而另一部分人输的"零和游戏"（经济学术语），而是一个复杂的发展过程。多亏了这种特点，在多数情况下，所有人都在这场游戏中胜出了，没有一位是输家。当然，双方偶尔也会爆发冲突并且伴有死亡，但我们可以看出来，这些所谓的冲突都是意外，并非客观规律。那些伤害到我们的病毒通常都是些"意外出现的敌人"，是大自然的意外。我们人类与这些不熟悉的新物种相遇后的结果便是"手足相残"[1]。

我们知道，在英美文化里病毒这个词 virus（来自拉丁语单词 virus，原义是毒）的名声并不怎么好，由它发展而来的一连串疾病名目就是一个很好的证明：从历史比较久远的脊髓灰质炎、狂犬病、天花、流感和病毒性肝炎，到现今新出现的艾滋病、埃博拉出血热或者 SARS（非典），这还只列了一些大家比较熟悉的传染病。但有些时候真实情况却是，事物的本质与它们的名声并不相符。

但是我要说明一点：相比于其他种类的疾病诱因，病毒是最渺小、防御能力最差的，因为它们都没有办法靠自己活下来。这也是我们应该清楚的病毒的第一个显著特征：无法独立生存。为了生存，它们需要寄居到人类、动物、植物，甚至是细菌的细胞里。由于这一先

---

[1] 原文中作者用了 fratricida 一词，此词专指杀害兄弟姐妹同胞。作者想表达的意思是，地球上的所有物种都属于兄弟姐妹同胞关系。——译者注

决条件的存在，结论显而易见：对病毒来说，让宿主的机体死亡绝不是最好的选择。

如果某种超级病毒能够在 5 分钟之内就杀死被它感染的人，那么这种病毒也消灭了自己。所以除了在科幻电影里，自然界根本不存在什么"终结者"病毒。即使是埃博拉病毒，也没有那么十恶不赦。我们可以观察到，埃博拉病毒在其"自然宿主"（这一概念会在后面章节讲到）体内只具有温和的传染性，只有当其进入一种不能适应它的生物体内后，比如我们人类体内，它才变成了杀人魔。

大自然的矛盾性

我们到底需不需要病毒？还是我们希望病毒根本就不存在？ 如果我们得了流感躺在床上，那答案是显而易见的。但是我们的大脑的职责是超越事物的表象，去质疑那些看起来理所当然的事情，实际上那些所谓的理所当然，是由我们观察事物的局限性导致的（比如认为太阳绕着地球转）。下面我们试着换个方式来提出问题：一个没有病毒的世界会是什么样呢？ 极有可能不适宜生存。因为没有我们，病毒无法生存，或许没有了病毒，我们也不会存在了。

病毒在进化方面的巨大成功似乎暗示着在漫长的地球生命史当中，它们一定起过很多至关重要的作用，但令人惊讶的是，科学家直到现在才着手对其进行研究。比如有一些病毒可以让染色体上的某些DNA（脱氧核糖核酸）片段从一处转移到另一处变得更方便，有利于

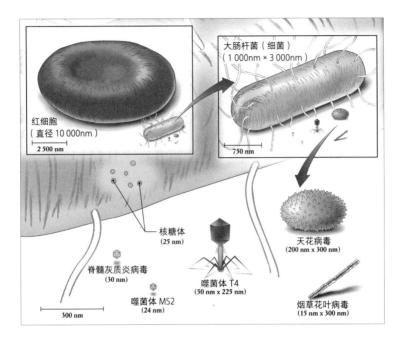

图片来源：https://www.slideserve.com/conan-woodard/microbiology。

适应进化。不仅如此，如今我们还知道了人类基因组中有数千组基因来自病毒，随着时间的推移，它们已经变成了我们人类的一部分，稳定地存在于我们的细胞中。有没有可能这些现象仅仅是偶然事件，病毒并没有什么特别的作用呢？又或者它们对我们器官细胞的某些功能有特定作用？病毒在进化上如此成功，并且在自然界分布如此广泛，所以上述质疑就类似于一座图书馆藏书上千册，但是这些书里不包含任何内容；或者一座城市的马路上行驶着上千台车，但是这些车既不载人也不运货。

我们可以想象，病毒和人类机体的实际关系要比我们现有的认识复杂得多。就拿流感来举例，这是一种常见的、恼人的流行性疾病，患者会出现多种不适，但是我们还不清楚这些不适是由病毒导致的，还是由免疫系统不适当的反应导致的。

不过有一点是可以肯定的：病毒并不是来消灭我们的，而是想和我们一起生活，和我们分食同一块面包，甚至大家是可以相互帮助的。

复杂的选择

免疫系统在面对病毒时常会处于尴尬的困境：既没有能力消灭病毒，又没法和病毒和平共存。这种犹豫不决（没能及时用适当的力量去消除感染）带来损害的例子在现实及文学作品中多次上演，比如莎士比亚笔下的哈姆雷特王子、意大利统一时期在政治上摇摆不定的卡洛·阿尔贝托、福楼拜笔下的包法利夫人、迦太基的汉尼拔·巴卡、法国的路易十六、美国南北战争时期的罗伯特·李将军等。那些激烈但收效甚微的反抗（没法和病毒和平共存）表明，最好的选择本该是大家各退一步，相互妥协。事实上，免疫系统做出一个决定在程序上是非常复杂曲折的，但是我可以用接下来的几行文字为大家做个梳理。和我们人类世界一样，在医学上也不存在先验的必胜策略；在有些情形下开战是最好的选择，但在很多其他情况下，放下身段去签署条约才是更明智更有远见的决定。

在本书里，我会通过讲述病毒与免疫系统之间的关系来探讨宿主与病毒共存这一问题。和平共存会是一种田园牧歌式的生活，身处其中的每一方都可以很快乐很满足。我将通过向读者说明一些与"有益的病毒"相关的奇特事实，来阐述病毒究竟给我们带来了哪些好处。我会重点介绍包括人类在内的哺乳动物身上那些来源于病毒的基因是如何促进它们进化的，以及病毒在被人为调控后变成疫苗及基因疗法的重要组成部分的案例。

我希望在讨论完分子、病毒、细胞、器官、动物、疾病，并介绍完历史事件、科学上的奇闻逸事之后，能够说服读者：真的不是所有不好的、坏的事物都是来毁掉我们的生活的。自然界不是只有好坏之分。携起手来并为对方留出空间，可以避免很多灾难（与疾病）。

目 录

1

由免疫力构建的城堡

人体究竟是一道抵挡敌人入侵的防御工事,

还是一个微生物畅游的乐园?

头脑不是一个要被填满的容器,而是一束需要被点燃的火把。

——普鲁塔克

一个（近乎）完美的系统

根据苏联天体物理学家尼古拉·卡尔达谢夫所提出的分类原则，文明可以划分为三类。第一类文明，也是最不发达的那一类，能够利用整个行星的全部能量；第二类文明，能够利用整个恒星的全部能量；第三类文明，能够利用整个星系的全部能量。人类文明可以归为第一类，甚至还要更落后一些，尽管我们广泛使用着石油资源，拥有每时每刻都在制造大量垃圾废物的能力。

但是卡尔达谢夫所谓的"文明等级"划分其实很狭隘。因为只要将我们和我们在进化过程中的表亲（黑猩猩、大猩猩、红毛猩猩）做一下对比，立刻就能找到一些能让我们乐观起来的理由：观摩一台心脏外科手术或者欣赏《费加罗的婚礼》这部歌剧，这些都足以让我们为我们这个物种感到无比的自豪。当我们回顾最近半个世纪人类在生物医学特别是免疫学领域取得的重大成果时，我们甚至感到十分的满足。这些新的成果无论是在数量上还是在质量上都是非常惊人的，我们所取得的进步是震古烁今的，以至于当我们翻阅二三十年前的学术著作时，很难不被感动。那么，究竟什么是免疫学呢？

免疫学是在组织器官、细胞和分子层面上研究机体抵御感染（也就是我们所说的免疫）机理的科学。

免疫系统不可避免地会带有先天缺陷，这也正是临床免疫学研究的范畴。这门特殊科学最主要的研究方向便是那些"不正常的"免疫反应。研究的具体内容包括免疫缺陷（免疫系统功能失常或欠缺），过敏和自身免疫性疾病（免疫反应导致自身组织器官受损），淋巴肿瘤（机体免疫细胞癌变），以及其他。

自身免疫性疾病是免疫反应损害了自身组织器官（自身免疫）。

根据自身免疫这一现象，我们可以得到一个简单但有效的方法来区分有益的免疫反应和有害的免疫反应。有益的免疫反应可以保护我们免遭侵入机体的微小外来物的影响，而有害的免疫反应则似乎是被一股神秘的力量驱使着来毁灭我们的机体。然而，真相往往比任何人为规定的模式更为复杂，有害与有益这一字之差，似乎也在提醒着我们，自身免疫是一种代价，是我们的机体为了进化出一种精细到吹毛求疵的识别系统，为了消灭数量庞大的侵入机体的物质所必须付出的代价。

达尔文将进化比作"生物学的脊梁"，进化是指生物在世代繁衍的过程中在遗传上的改变，因此也是生物在形态、解剖和生理上的改变。进化既被认为是生物遗传性状的随机改变（基因突变），也被认为是种群内基因频率的改变（自然选择）。这也说明了不同的遗传性状在传播上存在差异：那些利于生存和繁衍的遗传性状，它们在种群内的基因频率会随着一代又一代的繁衍而增加；而那些不利于生存和繁衍的遗传性状，则会逐渐减少直至消失。实际上，进化是生命体在自然选择的参与下，逐步积累微小变化以适应环境的过程。

需要强调的是，进化并不代表着进步。进化并没有具体的方向，也没有具体的蓝图。乔治·盖洛德·辛普森将人类科学地定义为"在地球上从未出现过的具有最高天赋的物种"，但实际上，人类的出现是一次偶然事件导致的结果，这个偶然事件由很多偶然因素组成，且这些偶然因素不会再重复出现。可以确定的是，人类的出现绝不是有目的有计划地改进的结果。

完善的边检和好邻居

回到免疫学上来。我个人喜欢将其定义为"研究人体世界中的边检的科学"。现实世界中有海关、护照检查人员、税务警察，当然还会有走私犯，有时还会有偷渡客。在人体世界中，他们被我们用皮肤和黏膜这些物理屏障表面的某些细胞和分子代替：淋巴细胞和树突细胞，Toll 样受体（TLR）和 MHC（主要组织相容性复合体），抗体和 T 淋巴细胞受体，当然还有各种外来物质。你们有没有被这一大堆专业词语吓到？放轻松。我会试着给大家解释所有这些术语。比如，一般而言，受体是细胞表面的一种或一类分子，它们能识别、结合某种物质并激活免疫反应；Toll 样受体是一类重要的蛋白质分子，是免疫系统的跨膜蛋白，可与真菌、细菌、病毒的特定结构相结合。Toll 这个单词，在德语中意思是"令人惊讶的""伟大的"，是这类分子第一次出现在它的发现者——图宾根大学的克里斯汀·纽斯林 - 沃尔哈德博士面前时，她脱口而出的词，当时她的一名学生向她展示了一组可以证明在果蝇体内存在这种蛋白质的数据。顺便说一句，在这些小虫子身体里，Toll 样受体除了有免疫的作用，还在果蝇胚胎发育过程中对背腹轴的极性起到控制作用，也就是说控制着果蝇背腹的发育。

免疫系统是所有调节着免疫力的细胞的集合。

我们继续进行关于免疫系统和边检的类比。第一个要强调的重点就是，我们和外界直接接触的表面并不是一道由荷枪实弹的哨兵把守的城墙，而是一个开放的边境，因为检查能力有限，还是会放一些外来物进入。只要我们呼吸，和朋友握手，吃三明治，我们和外界的交流就不会停止。在这当中，肠道同外界的交流规模之庞大让人震惊，肠道正是通过这种交流来吸收维持我们生命所需的营养物质。从功能的角度看，在整个消化道（从口腔到肛门）内部存在数十亿细菌，它们帮助我们消化，为我们生产维生素，还会做很多其他的好事，但实际上它们仍是我们的"身外之物"。听上去很奇怪，不过这是事实。任何外来物质，只要不是被肠道吸收并随着血液流动，就都被归为体外的。

真正的边检是由肠上皮细胞组成的，其中有数以千计的"卫兵"和"税警"在执勤，构成了一道防御屏障。现在我们来到了第二个要强调的重点，这里我们有必要停下来多做一下解释。如果人们把免疫系统视为一道边境线，在"细胞官员"和"分子官员"的监督下，"两个相邻的国家"在这里进行一系列的通商往来活动，而不是把免疫系统看作一支时刻准备抵御野蛮人的入侵并且已经武装到了牙齿的部队，那么在这种新颖的视角下，我们就可以对很多免疫系统的传统概念重新进行讨论。在这当中，识别外来物质并记忆的能力在高等动物的免疫系统中扮演着很特殊的角色，因为这两点是免疫系统功能的实质。

检查标准

我们的免疫系统识别不同分子结构的能力是如此神奇，以我们目前的认知来看，在自然界中能与之相提并论的恐怕只有狗（或者其他嗅觉灵敏的动物）鼻子对气味的识别能力了。

在人体中，免疫系统的识别行为受两种不同免疫的控制，即先天免疫（又称非特异性免疫）和适应性免疫（又称特异性免疫或获得性免疫）。先天免疫是一种有些粗糙的系统，它不会"记得"它过去见过什么；而适应性免疫具有更精细的识别能力，它可以把它接触过的每种外来物质都"归档"到记忆库里面。

先天免疫系统（先天免疫）是一种生物体出生后即具有的最古老的抵御感染的免疫机制，反应迅速，但是并不精准，面对外界数量极其庞大的入侵微生物，往往会失效，这时候就需要适应性免疫出面解决问题了。

总之，先天免疫系统的细胞扮演的是海关检查人员的角色，职责就是对"过关人员"进行检查并且及时发出警报，比如当一只绿鬣蜥和一只豪猪拿着冰岛护照想要过关的时候。

在那些能够识别体外物质的分子中，最重要的就是 Toll 样受体，一种存在于许多细胞表面和细胞内膜中的蛋白质，包括树突细胞——之所以被称为树突细胞（dendritic cell），是因为其外形让人们联想到树枝（dendritic 源自希腊语单词 dendron，意为绒毛熊[①]）。

免疫受体是一种通常位于细胞膜表面，通过和一些特定分子（配体）相结合从而激活免疫反应的蛋白质结构。

人体中存在大概 10 种 TLR，老鼠体内存在 13 种，巨紫球海胆体内则存在 200 种以上，这一数字是不是让它们看起来好厉害？但是我要告诉你们，事实上它们连适应性免疫系统都没有。[②]

相较于适应性免疫系统细胞，我们更熟悉它的另一个名字：淋巴细胞。淋巴细胞能够识别数以百亿甚至千亿计的不同分子结构，这要归功于它所拥有的超强分析能力，它的这种能力就类似于一台记录了我们每一个人的电子指纹信息的超级计算机，当然现实中这样的计算机还没有面世。

得益于适应性免疫系统的"记忆"功能，它能够迅速有效地组织起针对已知微生物的反应活动，从而使我们免疫（特异性免疫或获得性免疫）。

控制着这个精妙过滤系统的蛋白质受体可以分为两类：B 淋巴细胞（简称 B 细胞）抗体，分布在血液中，也被称为"免疫球蛋白"，以及属于 T 淋巴细胞（简称 T 细胞）的 T 细胞受体。我们的身体可以生产数十亿个彼此之间略微不同的受体，因为，为了识别数量极其庞大的外来物质，在进化的过程中，我们的淋巴细胞学会了生产超级多具有独特结构的蛋白质。

通常蛋白质（比如胰岛素、血红蛋白、白蛋白等）的生产是通过将编码蛋白质的一段 DNA 转录为对应的 mRNA（信使核糖核酸，也称为信使 RNA），之后再以这个 mRNA 为模板合成具有一定氨基酸顺序的蛋白质来实现（图 1.1）。对抗体以及 T 细胞受体来说，与其对应的 mRNA 是由三到四组 DNA 片段转录而来的。我们做一个简单的类比，拉丁字母表有 26 个字母，我们变换字母顺序，通过不同的组合就可以得到数十亿个句子。得

益于人体拥有的数量巨大的受体，在分析了来自环境的
信息之后，免疫系统可以迅速做出精准的免疫反应。也
是由于具备这种能够做出如此复杂精妙反应的能力，免
疫系统可以在面对大量外部环境的刺激时，做出与刺激
相对应的免疫反应，而且还具有扩充免疫反应库的潜力。

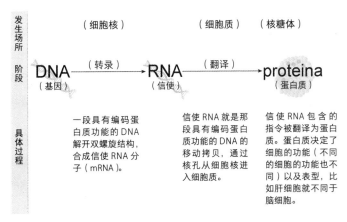

图 1.1　以 mRNA 为模版合成具有一定氨基酸顺序的蛋白质

　　免疫系统（尤其是适应性免疫系统）拥有强大的记忆能力，它
能够记住接触过的外来物质的结构。人类在过去就已经明白了这
一概念，这也是疫苗能够起效的生物学基础，因为我们发现，有
些疾病只要被传染一次，就不会再被传染了，比如麻疹和腮腺炎。
相比于鱼类、青蛙，以及爬行动物，哺乳动物的这一能力更强大，
对我们这些物种极其重要。母亲通过胎盘将抗体传给了胎儿，使
得新生儿免遭感染。（图 1.2）

先天免疫	免疫机制
• 可以通过数量相对有限的受体来识别大量病原体共有的分子结构 • 反应迅速 • 无"记忆"功能	• 防御屏障（皮肤、黏膜、分泌物等） • 吞噬细胞（中性粒细胞、巨噬细胞） • 自然杀伤细胞 • 炎症反应、干扰素、抗菌蛋白等
适应性免疫	免疫机制
• 能够识别每种病原体的特定分子结构，通常同种病原体会有很多种分子结构，适应性免疫会利用数量庞大且彼此不同的受体来对其进行识别 • 反应速度慢 • 具有"记忆"功能（在第二次与抗原接触时免疫反应会更快、更猛）	• 体液免疫，特点是由 B 淋巴细胞以及浆细胞产生抗体（浆细胞来源于 B 淋巴细胞） • 细胞免疫，由 CD4+T 细胞（辅助性 T 细胞）和 CD8+T 细胞（细胞毒性 T 细胞）介导，T 细胞受体识别抗原

图 1.2　先天免疫与适用性免疫的区别及其各自的免疫机制

　　但是，免疫记忆也要为很多危险的过敏反应负责，比如过敏性休克，当第二次接触某种病原体时（比如第二次接触黄蜂毒液）会引发剧烈的反应，甚至可能致命。很幸运的是，这些都是小概率事件。拥有这种强大精细的免疫记忆的好处是显而易见的。与病原体的第二次接触会引发快速强烈的免疫反应，打败病原体绝对是没有问题的。但是，如果仔细想一想，真相似乎并没有看上去的那么好，毕竟人只会死一次，要是我们在第一次感染后能活下来，那第二次肯定也可以活下来。

那些参与免疫反应的抗体

一旦识别（并记住）外来物质的化学结构，免疫系统会立即做出反应，一方面会开始对抗外来物质，另一方面也会接受外来物质。我们再回到开头提到的困境：究竟是该与之斗争还是该与之共存呢？正如我们看到的那样，抗体及自然杀伤细胞被召集起来参与免疫反应。抗体是一种特殊的分子，因为它们既可以充当受体（当它们位于 B 淋巴细胞表面时），又能充当效应分子（当它们在血液中以及组织中时）。在后一种情况下，它们能够"攻击"外来物质，并且呈可溶解的形态，这有利于彻底消灭外来物质。

抗体是由免疫系统分泌，用来抗击病原体的分子。而自身抗体是一种针对个体自身而非外来物质的蛋白质。

种类繁多的自然杀伤细胞也能够识别异常细胞，比如那些感染了病毒的细胞和癌变的细胞，以及来自移植器官的一部分细胞，在免疫系统看来，它们"与自身细胞不同"，于是免疫系统会通过释放有毒分子消灭它们。那么自然杀伤细胞及抗体是怎么识别"敌人"的呢? 它们是通过一种激活机制做到了这一点,受体一旦拦截与之互补的三维结构,这种激活机制便会启动。为了更方便理解,我们可以把这种几何上的互补关系看作一把钥匙对应一把锁,其物理实质是"范德瓦耳斯力"[1],为了不离题太远,这里我就不做过多讨论了。我们目前最重要的是专注于免疫系统的主要作用机制。

细胞的社会性

除了能够识别和记忆,人类免疫系统的细胞还有其他三个特征: 能够彼此沟通,具有流动性,以及能够体现基因标识,这也使得每个个体都与其他人不同。

第一个特征是免疫系统的细胞之间直接接触就可以保证彼此正常的沟通,这是通过位于细胞表面的不同种类分子的拥抱和握手来实现的。这种情况下,我们称这些分子为"共刺激"分子或者"共抑制"分子。细胞之间也可以远程沟通,即通过所谓的"细胞因子"。细胞之间沟通的都是些什么要紧的事呢? 多数情况下都是说些很简单的话: 嘿,看看割伤的地方怎么样了; 现在感冒了,去鼻黏膜那里生产点抗体吧; 你们没看到那是个无害的病毒吗? 放轻松,喝杯咖啡吧。

第二个特征与免疫细胞从一个器官迁移到另外一个器官有关。

---

[1] 分子间非定向的、无饱和性的弱相互作用力。——编者注

我准备继续用类比的方法来为大家解释，我们可以认为免疫系统是有它自己的兵营的（比如脾脏、扁桃体，以及淋巴结等淋巴器官），淋巴细胞就是士兵，它们大部分时间都驻守在兵营，不同的兵营有不同的派兵方式，即淋巴细胞从一个组织迁移到另外一个组织的方式不同，有的是通过血管，有的是通过淋巴管，它们借此对整个身体进行巡视，最后在器官（皮肤、黏膜、肝脏等）的战壕里与入侵的敌人交锋。

免疫细胞从一个组织到另外一个组织的迁移会受到一种名为"趋化因子"的可溶性物质的调节，也会受到位于组织表面的、被称为"黏附分子"的物质的调节，正是因为有了这些黏附分子，免疫细胞才能黏附到指定的组织上。

第三个特征使免疫系统有能力给予我们每一个人不同的基因标识，这让我们每个人都与众不同。这牵涉到一个复杂神秘的系统，即主要组织相容性复合体（Major Histocompatibility Complex，MHC）。在这片完全由响亮的学术名词组成的丛林里，大家一定迷路了吧，而且应该没人想要听这些枯燥的术语吧。请大家耐心一点，继续跟上我的步伐。如果你们喜欢，完全可以给 MHC 另起一个名字，随便什么都可以。

MHC 由一系列几乎存在于所有细胞表面的分子组成，在同一个体体内这些分子都一样（是这个个体所独有的，而且都一样），但是不同个体的 MHC 却不一样：这一概念的科学含义是"群体多态性"。

主要组织相容性复合体（MHC）是控制适应性免疫某些方面（包括对病毒的反应）的一组基因。

大自然，或者更确切地说，是进化创造出了MHC，出于何种原因呢？我们至今仍然没有完全弄明白。在20世纪50年代人们发现MHC的时候，就曾经提出这样的一个问题：为什么人体如此执着于个体的独特性呢？为什么我会很在乎我体内的分子与我邻居体内的分子不同这件事呢？用于治疗心脏、肾脏、肝脏等器官绝症的器官移植手术首先回答了我们，而且这个回答震惊了我们：我们的免疫系统会将移植的器官看作"外来物质"，即使这个器官来自另外一个同我们一样的人。

免疫系统使用组织相容性抗原来区分自身组织与外来组织，比如那些捐献的器官。

MHC的真正功能是通过一个关系网来实现的，这个关系网涉及我们之前提到过的两种负责识别外来物质的分子中的一种，即T细胞抗原受体（简称T细胞受体）。这里我们需要解释一下。T细胞不同于B细胞，它们并不能识别外来物质最初的三维形态，这里说的最初形态就是指完全由妈妈赋予的形态，外来物质只有在被打碎分割并且插入到MHC之后，才能被T细胞识别。

病毒就完全属于这种情况。但为什么要这么复杂呢？最常见的理论认为，如果我们每个人都以不同的方式对待外来物质，那么对整个人类来说应对传染病的能力就更强。让我来解释一下。

如果某种致命病毒进入特定的人群，并且这一群体所有人都具有相同的免疫系统，也就是说具有相同的 MHC，那么每个人都要承担巨大的风险。如果这一群体的每个人都拥有只属于自己的MHC，那么在面对致命病毒的时候，群体中有人存活下来的概率就极大地提升了。这种现象在自然界随处可见。比如猎豹，自然界中跑得最快的动物，它们几乎全部的个体都拥有相同的 MHC，因为现存的猎豹都是过去幸存下来的少数个体的后代。但是人类，得益于我们拥有很多种类的 MHC，我们可以有数百万种应对微生物入侵的办法。综上所述，免疫系统执行五项基本功能：识别、记忆、沟通、迁移、决策。而 MHC，是在物种层面而非个体层面发挥作用。

天生的和平主义者

当我重读自己前面写的文字时，我意识到，就免疫学而言，用战争来比喻免疫行为可能有些不妥，而从严谨的科学角度来看，这种做法就更不对了。原因很简单：免疫系统在多数情况下都会选择与入侵者共存，只在少数情况下才会选择开战，在面对以上两种选择时，免疫系统更倾向于选择和平而非战争。

做出这样的选择很好，我们不该对此表示惊讶，因为本该这样选择。毕竟，如果免疫系统决定开战，那么其手握的武器只有两种：

抗体及自然杀伤细胞；而如果免疫系统决定谋求和平，那么很多机制（比如"调节""调整""抑制"）都会参与其中并且发挥作用，而且每种机制都有细微的差别。因为在免疫系统拒绝开战的多数"非战争"情况下，会存在无数微生物和外来物质，我们每天都会通过呼吸道、肠黏膜，以及皮肤的微小裂缝接触到。

免疫和平主义，如果我们可以这么称呼它的话，代表了一种准则，仔细想想，这其实是一种对我们自己有利的选择，它可以帮我们避免一长串由于免疫反应过度而导致的疾病。因此，只有在极度必要时，才需要采取果断猛烈的免疫反应，在其他情况下最好保持和平，彼此共存。因为过度的免疫反应是有害的，也因为并非所有外来物质都是不好的。从出生那一刻开始，人体就处在一个复杂的世界中，我们可以把人体看作一个大公园，那里为所有和平人士提供了空间，其中就有很大一部分是病毒，这一点大家会在后面读到。

2

生命的边界线

神秘的病毒：介于生命与非生命之间

灰色地带

自然界中存在着很多怪现象。比如鲸鱼，这种长相吓人但是性格温顺的海中庞然大物，每年都会跨越几千公里回到同一个地方唱起模糊不清的求爱歌曲。又或者夏天夜里的萤火虫和南部海域里红色、绿色的水母，它们都可以发光。

如果我们把雌性与雄性、个体与群体、水生动物与陆生动物这几对我们早已习以为常的概念看得像黑色与白色一样分明，那么会有很多有趣的怪现象让我们大吃一惊。

我们就拿一种学名为毛轮沙蚕的低等生物来举例，这是一种和大力水手一样爱吃菠菜的蠕虫，并且具有非常奇特的性习惯。它是一种很典型的雌雄同体的生物，最初都是雄性，当长到一定年龄和大小之后，就会变成雌性。但更有意思的是，当两只雌性毛轮沙蚕在一个只有少数雄性的环境相遇时，其中一只雌性就会将另一只雌性撕成两截，被撕开的两截身体会重新变成两只雄性虫子，它们都可以和雌性共度春宵。

接下来是蓝瓶僧帽水母（属于刺胞动物门，僧帽水母属）的例子，这种生物很漂亮，却也因为体内产生的有毒物质而很危险。

这些谜一样的海洋生物被称作"游动孢子"，因为它们处在群体生命体和独立生命体的模糊界限上，事实上它们是很多独立的生命体组成的群落，由于单独的个体并不具备单独生存的能力，它们需要很稳固地聚集在一起。一些塘虱鱼科的鲇鱼，已经习惯了在空气和水中呼吸，还能到陆地上觅食。还有一些鱼类，比如栖息在红树林的溪鳉属，当它们想"换口气"时就会爬上树枝，在上面待上几天。

在这个满是怪异现象的世界里，病毒甚至对生命的概念提出了挑战。病毒既不是生物，也不是非生物。它处于生物（如兔子、仙人掌、苍蝇、结核分枝杆菌）和非生物（如钻石、石头、水和空气）的分界线上。

尽管由蛋白质与核酸组成，病毒却无法完成最具决定意义的事情，这件事也是生命精华的体现：自主繁殖。换句话说，在繁殖方面，病毒没有自主能力。事实上，它们的基因并没有包含繁殖所需的所有信息（所以它们需要借用宿主的这些信息）。

人们常说的宿主指的就是病毒在其内部进行繁殖的细胞，比如感染肝炎病毒的肝细胞。

上述内容十分重要，需要我们知晓。类似的例子比如很多个音节构成了一个单词或者一句话，但是音节靠自己并不能做到，而是需要被某些人或者某些事物操纵着才能做到。我相信"计算机病毒"这个词的创造应该也是为了强调这种信息病毒的本质，和自然界中病毒的本质是一样的（尽管这个术语的提出者可能并没有意识到这一点）——它的繁殖离不开宿主（这种情况下硬盘便是计算机病毒的宿主）。这就是为什么病毒要比细菌更脆弱：尽管与人体细胞相比，细菌的结构更简单，甚至比人体最小的细胞都要小，但它们至少能够在外界环境中独立生存。

病毒究竟是什么，病毒又具有怎样的行为特征

病毒究竟是什么？病毒是靠从一个细胞迁移到另外一个细胞来维持生命的遗传物质片段。

病毒是一种由具有传染性的微粒组成的微生物；病毒只能渗透到细胞中来完成自我复制（我们称被渗透的细胞为"宿主"）。

病毒是由核酸（DNA或RNA）以及蛋白质构成的非细胞形态，有些病毒也会包含一些脂类。病毒的"食物"囊括了动物、植物，甚至是细菌。病毒也会感染所有器官：肝脏、心脏、肾脏、大脑，甚至是免疫系统细胞。理论上讲，免疫系统是用来有效地抵抗病毒的系统，但它却可能感染很多种病毒，我们知道的就有艾滋病病毒。

病毒很小，用普通的光学显微镜根本看不到，所以病毒是在细菌和原生动物被发现之后才被发现的。由于病毒要为天花、麻疹、

狂犬病、脊髓灰质炎等疾病负责，于是它和细菌，还有原生动物一样变得声名狼藉。

━━━━━━

　　细菌和原生动物是环境中随处可见的单细胞生物。它们之间最显著的区别就是细菌没有细胞核，所以站在进化的角度上说，细菌更原始。相反，原生动物是"真核生物"，具有明显的细胞核，核膜将细胞核与细胞的其他部分隔开。细胞核就是驾驶舱，是细胞的大脑，负责发送工作指令，记录过去及规划未来。细胞核独立于细胞的其他部分，使得原生动物在组织上、效率上、调节上具有诸多优点；没有独立细胞核的细胞无法将自己分化成组织和器官完全不同的复杂结构，就像人体细胞所能做到的那样。从原核生物到真核生物的进化，在生物学上依然是个未解的难题。但有一件事是确定的：人体所有的细胞都是真核细胞，即有细胞核。

　　细胞核只会出现在真核细胞中，里面包含了染色体，且是DNA和RNA的主要合成场所。细胞核由核膜包裹，借此与细胞质分开。

　　我们已经知道病毒virus这个词，在拉丁语中的意思是毒。在微生物学蓬勃发展的年代里，几乎所有被发现并能明确其特点的病毒，都是能引起人类和家畜疾病的。但随着时间的推移，人类渐渐明白，致病病毒只是一个庞杂群体中的冰山一角：事实上，在我们的世界、我们的身体和细胞中存在着成千上万甚至上百万不会对人体构成危害的病毒，就像夏天太阳照射下的空气中布满的灰尘一样。

而最关键的问题是：病毒为什么会存在呢？关于生命的起源和动物世界的进化，病毒能告诉我们些什么呢？

病毒最重要的一些功能（比如复制自己的遗传物质或者生产结构蛋白）的实现，都是"利用了"宿主细胞的新陈代谢机制。病毒的"寄生"现象其实比我们想象的更普遍更深入。新陈代谢是细胞或有机生命体合成（合成代谢）和分解（分解代谢）维持生命必需物质的生化过程。

复制是产生新的 DNA 和 RNA 分子的过程，一个蛋白分子复制成为两个相同的子蛋白分子，是细胞分裂的第一阶段。

在大自然中，我们将寄生生物定义为一种需要在其他生物体内生存并摄取营养的生物，因此它们是无法独立生存也无法独立供养自己的。

在生物学里，寄生生物这个词有两种含义，很容易让人混淆。第一种含义是单纯从摄取食物及供养自己的角度来描述的，即任何依靠其他机体提供的营养物质为生的生物（如病毒、细菌、真菌、蠕虫等）都可以称为寄生生物，而不需要考虑其生物学本质。

第二种含义所指的寄生生物是那些真核病原体，既不包括细菌也不包括病毒，只包括原生动物和蠕虫（这里涉及微生物学的一个分支，即寄生虫学，这门学科的研究范畴是疟疾、神经系统非洲锥虫病、绦虫病等）。说到这里，我常常想知道为什么我们科学家会陷入这种明明很容易避免的语义混乱之中。不幸的是，我一直没有找到答案。

大部分寄生生物的表现跟某些靠窃取社会公共资产发家的腐败官员差不多，直到他们的行径被选民揭发并且丢掉公职，他们才表现出要认真工作的态度。

而病毒则是有严重残疾的孩子或是在战斗中受伤的士兵，它们不得已才靠着宿主机体的供养活着，因为除此之外没有其他选择。但是当我们出于道德原因对那些"残疾孩子"和"伤残士兵"进行救治时，我们却不知道该如何让细胞去合理地照顾它们。

细胞的行为事实上很矛盾：一方面让病毒利用它们的重要功能，另一方面又激活了很复杂的机制来识别病毒并限制其成长。为什么会这样呢？

主流观点认为通常病毒的复制并不会损伤（或者只会有限度损伤）宿主细胞；简而言之，得益于病毒那微小的身形，它们所引起的损伤之微小就如同切面包时掉下的面包渣。

如果病毒复制损伤宿主细胞这种情况出现了呢？病毒学会告诉我们，这是出现了所谓的"致细胞病变效应"。为了应对这种情况，一套抑制或阻止病毒活动的反应机制（其中就有我们所说的"干扰素"）进化了出来。

那么，为什么细胞选择了这种"自由放任主义"的策略呢？因为细胞很懒，不愿意花力气去和病毒决斗？又或者至少在某些特定的情况下，病毒的出现能给细胞带来一些好处？

在等待能对这种复杂关系的所有疑点给出解释的过程中，研究发现，在很多情况下，无论是细胞还是机体，在感染了某些特定种类的病毒之后，甚至得到了一些好处。

在后面的章节大家就会知道是哪种病毒了。

一种人为的分类

病毒学最主要的研究内容之一就是病毒的起源。即使目前还不能就这个问题给出详细的唯一的答案，我们也可以合理想象出，病毒种类的不同（图 2.1），是进化机制多样的结果。有一件事是确定的：它们并不是被创造出来专门害我们的恶魔生物，而是和我们的细胞及免疫系统有着密切关联的生物。

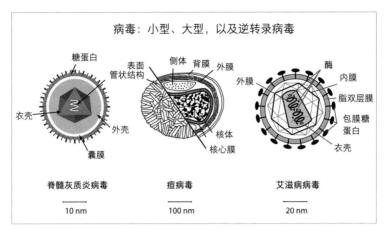

图 2.1　不同种类的病毒

很多病毒的性状都是由它们的遗传物质所决定的，遗传物质中的基因结构差别也很大：核酸种类为 DNA、核酸种类为 RNA；单螺旋结构、双螺旋结构；环状的、线状的；分段的、整体的；正义链、反义链等。病毒的一部分基因形状和真核生物的很相似，另一部分基因形状和细菌的很相似，还有一些是自己独有的。在接下来的叙述中，我将会用一种我个人发明的方式来向非生物学专业的读者介绍病毒的分类，也恳请各位对科学术语持严谨态度的病毒学学者予以谅解。

一位美国喜剧演员曾说过，世界上的人分两种：一种人会把人分成两种，一种人不会这么做。然后他问台下的观众他属于哪一类。我引用这段台词是想做第一种人，而且我是根据对应的基因特征进行分类的。几天前的晚上，我的女儿卡拉向我解释迪士尼公主的分类方法（睡美人是金发，白雪公主是黑发……），我在她的眼里找到了成就感。能够对某种事物进行分类，意味着我们对其有了深刻的理解；有了深刻的理解，意味着有了一套复查机制；有了复查机制，就意味着我们拥有了对其深入研究的能力……哦，我跑题了。

我们回到病毒的话题上来。考虑到我们必须接近病毒的本质，我们可以说病毒大体有三类，为了方便，我们称这三类为"大块头"病毒、"小个子"病毒，以及"讨厌鬼"病毒。

"大块头"病毒

"大块头"病毒，比如天花病毒和单纯疱疹病毒，它们的体型大概和最小的细菌体型差不多（200纳米）。和我们人类及细菌一样，"大块头"病毒的遗传物质也是双链DNA，它们既会用到宿主细胞的生物机制，又会用到大量宿主细胞的蛋白质（通常上百个）来进行复制。

如果带着乐观的情绪去观察，这些"大块头"病毒很像正在萌发的"新"细菌或正在退化的"老"细菌。如果这些"大块头"病毒真的是细菌的变体，那么关于它们的起源问题其实就解决了；探究细菌起源的问题，就是探究这种病毒起源的问题。

———

众所周知，"或许"在生物学和医学领域是个很危险的词。举个例子，没有人希望自己处在"或许还活着"的状态。在细菌起源这个话题上（当然这并不是本书要讨论的话题），绝大多数人都认可细菌是地球上出现的第一批生命体这一论断，并且三种基本细菌（一种细菌满载DNA，一种细菌能够产生能量，另一种细菌能够移动）组成的共生体，可能是真核生物产生的基础。但是在地球的气候条件下，那些自然形成的微小分子（氨基酸和核苷酸）变成复杂的蛋白质和核酸的过程依然是个谜。

天花的历史

谈到"大块头"病毒，很值得说一说麻子病病毒，也就是天花病毒的历史。得益于人类的干预，天花病毒是目前地球上唯一彻底根除的病原体。天花曾经是一种非常严重的传染病，会使患者毁容，曾经导致了数百万人丧生。但矛盾的是，也正是天花病毒让我们人类意识到了我们自身在进化上的不成功。从它灭绝这件事上我们追溯到它的三个基本弱点：恶毒、僵化、具有选择性。这是一种非常"势利"的病毒，它只会感染人类而不会感染其他物种，并且会害死那些没有抗体的人。尽管有这些特点，天花病毒仍然存在了几千年，其间不受干扰地繁殖。那么，我们是如何打败它的呢？正如我们前面提到的，它很恶毒，造成了如此高的死亡率，于是从传统中医到蒙塔古夫人和爱德华·詹纳医生，每个人都卷起了袖子准备和天花大干一场。这样便诞生了历史上第一支疫苗，是基于对牛痘病毒的使用而得到的 [疫苗vaccine 这个词就源自 "vacca"（牛）]。在我们的身体里，疫苗会引发轻微的温和感染，机体为了应对感染，会产生保护性抗体以免患病。如今这种疾病几乎已经被人忘却，病毒只保存在位于美国亚特兰大的疾病控制与预防中心的冰柜里，或者存在于那些打算发动生化恐怖袭击的变态政客的病态梦想里。我们很难不去这样想，如果天花病毒不那么坏，就像它的表亲"传染性软疣病毒"（会导致一种温和的皮肤传染病，可自愈）一样，或许时至今日，它还生活在我们周围。

"小个子"病毒

"小个子"病毒是一种非常特别的物种，多数情况下是由相当短的一段染色体（平均长度只是"大块头"病毒染色体的 1/10）以及一些源于病毒的蛋白质组成。

在那些知名的"小个子"病毒中，人们会发现有流感病毒、麻疹病毒、脊髓灰质炎病毒，还有那个声名狼藉，足以登上头版头条的寨卡病毒。"小个子"病毒有很多形状（星状、轮状、绳状），有些会导致严重的疾病（埃博拉病毒），有些只惹些小麻烦（引发普通感冒的鼻病毒），还有一些被证明是对人畜无害的。

大部分这类病毒不仅不会导致疾病或者伤残，有一些甚至可能还有用，比如黄病毒科的 GBV-C（庚型肝炎病毒，我们会在后面讲到），通过一种未知机制，能够延缓艾滋病病毒感染者发展为艾滋病患者的进程。

这些"小个子"病毒是如此弱小，以至于人们常常会问它们到底是如何杀死被它们感染的细胞的。这就像在问凶手到底是怎么用一把几毫米的刀把人杀了的。事实上，这类病毒并不会靠一种或多种自身分泌物去毒害宿主从而引发直接损伤，而是靠间接的方式，在宿主体内引发由免疫系统介导的炎症反应。①

特别是那些能够引发症状或是相应疾病的炎症反应，有时是某种宿主物种的特征。换句话说，病毒和宿主在特定条件下达成了和平停战协议，但协议只对特定物种有效，如果病毒感染了其他不适应的物种，那么就会引发疾病。狂犬病就是说明这种现象的一个很好的例子，狂犬病毒在蝙蝠和浣熊这类动物体内很适应，但在人和狗体内则会引发致命的自主神经损伤。还有臭名昭著的埃博拉病毒，它们是很多非洲蝙蝠体内的常客，但在人体内则会造成致命的出血热。

关于"小个子"病毒起源的猜想

"小个子"病毒的起源不是一个谜，而是一个谜团。在多种关于"小个子"病毒起源的理论中，我认为有三种最有说服力。

第一种理论猜想："小个子"病毒源自真核生物细胞中的小段DNA和RNA，它们逐渐脱离母体，最终形成独立个体。

第二种理论猜想："小个子"病毒是由原核生物的遗传物质（来源于细菌或所谓的"质粒"——存在于细菌细胞中的DNA片段）退化而来，其祖先原本是细菌的形态，为了更好地寄生在真核细胞中才出现了这种退化。

第三种理论猜想："小个子"病毒以环境中出现的蛋白质、核酸为起点，协同最早出现的真核细胞共同进化（大家同步、同时进化）。

病毒不是自然界中最小最脆弱的微粒，以结构简单作为衡量标准，我们还能找到更简单更奇特的，比如卫星病毒、类病毒和朊病毒。最有名的卫星病毒之一就是所谓的丁型肝炎病毒，它是一小段能够提供制造蛋白质信息的环形RNA，自身并无传染性，但在与乙型肝炎病毒联合感染或是先后重叠感染之后则具有传染性，能够引发疾病。

类病毒，这个植物传染病的罪魁祸首，是很原始的：它们由一段具有极强互补性的单螺旋环状RNA构成，这段RNA缠绕在一个棒状结构上，和某些由RNA合成的酶的结构类似，唯一的功能就是进行自我复制。

　　最后，朊病毒是没有遗传物质的蛋白质，因此没法自我复制，但具有传染性；因此我们没办法确定朊病毒是否活着。总之，在得知作为自然界最荒唐存在的朊病毒导致了牛海绵状脑病（俗称疯牛病）之后，大家也不会感到惊讶。如果真暴发了"疯科学家病"，那我们也能知道去哪里找原因了。

"讨厌鬼"病毒

　　在所有现存的病毒中，"讨厌鬼"病毒是和宿主细胞的遗传物质关系最紧密的，它们可以把自己的遗传物质塞进（或许说"整合进"更好一些）宿主细胞里。"讨厌鬼"病毒仿佛在说："被我沾上了，就别想甩掉我。"

　　如果"大块头"病毒和"小个子"病毒是跑过来蹭吃蹭喝的（有时它们也是杀手），那"讨厌鬼"病毒就是伸手要礼物的。逆转录病毒就是这类病毒的典型，我们会在后续章节中对其进行详细介绍。

3

我们即是病毒

沃森、克里克与生物学革命

一个人要想有所成就，必须保持一定程度的"聪明的无知"。

——查尔斯·F. 凯特林

黄金年代

1900 年 4 月 27 日，威廉·汤普森，他更为人们熟知的称谓是开尔文男爵，在英国皇家学会发表了题为"在热和光动力理论上空的 19 世纪乌云"（Nineteenth Century Clouds over the Dynamical Theory of Heat and Light）的演讲。他演讲的核心是物理在整个 19 世纪取得的辉煌进步，顶峰便是基于麦克斯韦方程组的经典电磁学理论。

由于在热力学研究上的贡献，加上热力学温度单位以他的名字命名，开尔文被称为现代物理学先驱之一，他认为在物理领域能被发现的几乎都已经被发现了。"理论清晰又美妙"，就像蓝色的天空一样，只是因为两朵小乌云的出现变暗了，但是很快这两朵小乌云也会被知识之风吹散：这两朵乌云一个是迈克尔逊－莫雷实验的负面结果，这一结果证明光速在空间的各个方向都是相同的，另一个是黑体辐射的热量问题。[1]

开尔文口中的乌云反而变成了真实的风暴，并且永远地改变了我们构想物理事实的方式。迈克尔逊－莫雷实验是验证爱因斯坦相对论理论的基础，这一理论从根本上动摇了我们对于时间、空间的认知，而得益于量子力学的引入，黑体辐射热量的谜题也得以解决，尽管时至今日理解其中的逻辑对我们来说依然很困难。

20 世纪五六十年代头几年的生物学处在一种非同寻常的发酵状态中，在某些方面很像 19 世纪末期的物理学。经历了几个世纪的幼稚理论——从何蒙库鲁兹（Homunculus，即炼金术师所创造出的人造人）到自然发生学说，一直到获得性遗传理论[1]——生物学家们逐渐发展出了一条主线，根据这条主线可以解释生命的基本现象，并建立起了一个范式，而这一范式也支撑起了未来的重大发现。

后来我们了解了人类的（动物的、植物的，以及细菌的）遗传物质是由反向平行双螺旋状的 DNA 组成，遗传物质会在细胞分裂时复制，被分配到子细胞中。②

DNA → RNA →蛋白质：生物学的中心法则

1953 年，一篇只有一页纸篇幅的论文向科学界公布了一个革命性的发现：DNA 的结构。几年后，举世闻名的英国生物学家弗

---

[1] Homunculus 这个词来源于一种遗传理论，这一理论认为在人的精子或卵子中存在着一个微型个体，可以不断长大，最终变成一个完整的人。根据自然发生理论，像昆虫这样的低等生物是由没有生命的自然元素或者腐烂的动物骨架自发产生的。最后，根据获得性遗传理论，在大自然的驱动下，"用进废退"得到的某些特性可以遗传给下一代。

朗西斯·克里克和他的同事詹姆斯·沃森共同获得了1962年的诺贝尔生理学或医学奖，关于他们的发现，克里克这样表述："两条DNA链就像两个爱人一样紧紧抱在一起。"[i]

沃森和克里克的发现有什么意义呢？为什么DNA上的基因被称为"生命的基石"？要了解这个问题的本质，只需要回到1953年发表的那篇论文，文中写道："没能逃过我们的眼睛……这是一种可能的遗传物质的复制机制。"遗传信息（DNA），特别是它的可复制性，[1]才是生命的关键。不停地复制使我们存活下来，使我们能够繁殖后代。在我们的身体里，在我们数以十亿计的细胞里，每天都发生着几十亿次的复制。

细胞是生物体最小的结构和功能单元，并且负责保护成千上万个以基因形式存在的遗传信息，即DNA片段。

DNA是一种携带着可编码遗传信息的蛋白质。DNA蕴含在细胞核里，但也会出现在没有细胞核的细胞（比如细菌）和DNA病毒内。

在像我们人类这种多细胞生物的机体内，受损和衰老的细胞

---

[1] 马特·里德利（简化了生命与非生命之间的界限问题）写道："任何能够利用周围环境中的资源完成自我复制的都可以称为生物；其最有可能呈现出的形式便是数字化信息：一个数字、一串字符、一个单词……生命也是数字化的信息，是由DNA编写而成的。"[ii] 西德尼·布伦纳在谈到对生物学未来的展望时说："……生物系统中除了有物质和能量的流进流出，还有信息的流进流出。生物系统就是信息处理机器……。因此我们的一切都是基于基因，因为基因携带着机体的特性，而且基因是决定进化的本质。"[iii]

通过"细胞分裂"这种方法被新鲜的细胞取代。一个母细胞分裂为两个子细胞，每一个子细胞都是母细胞的拷贝。在细胞分裂的过程中，有一个关键的步骤会在细胞核内进行，那就是DNA的复制。母细胞的双螺旋DNA分成两个单链，每个单链都是用来复制与其对应的互补单链的。事实上，分裂之后的子细胞拥有来源于母细胞，并且与母细胞的DNA相同的双螺旋DNA。

遗传信息就这样如实地从一个细胞复制到了后代的细胞中。DNA中包含着从祖先那里继承下来的特征，并且一代一代传下去，比如眼睛的颜色和皮肤的颜色，但也包括了疾病及缺陷（还有病毒）。为了保持细胞的完整性，DNA从来不会离开细胞核，以避免与外界的危险接触。为了保护DNA，同时，为了使用遗传信息，另一种核酸RNA被引入。

RNA也是一种分子，它的任务是将细胞核中DNA的遗传指令传递到细胞质中，细胞质是细胞的重要组成部分，是执行遗传指令生产蛋白质的地方。

尽管RNA本质上是可移动和"可牺牲"的DNA副本，但它依旧发挥着极其重要的作用，不仅因为RNA是细胞核内基因的"媒介"，更重要的是：DNA到RNA的复制过程决定了现有的全部基因中哪些需要被激活。这种具体的、可观察的选择，对细胞的未来起着决定性的作用。事实上，只有基因转录才能引发蛋白质的生产，因此基因转录决定了特定细胞的形态特点。所有这些"可见的"特征组合在一起，即表型，会让肝脏细胞与脑细胞以及皮肤细胞区分开来。在第一阶段中（基因转录阶段），蕴含在 DNA 分子中的遗传信息被转录（复制）到（可移动的）RNA 分子上，我们称其为信使 RNA 或 mRNA。

基因包含着合成蛋白质所需要的信息。信使 RNA 的任务就是将这些指令从细胞核带给核糖体，核糖体是一种复杂的分子，它的任务就是"读取指令"。在第二阶段中（翻译阶段），信使 RNA 分子被用来生产蛋白质。

翻译阶段是遗传信息的传递过程，使信使 RNA 转化为蛋白质。它发生在核糖体内，代表了从基因到其产物的最后一个阶段。

遗传信息的流动到这里就结束了：指令从 DNA 传递到 RNA，从 RNA 到蛋白质。此时，细胞已经为分裂成两个功能完善的子细胞做好了充足的准备，或者，如果不需像大脑神经元那样分裂，转录和翻译不依靠 DNA 的复制也能进行，那么这种情况下，DNA 的复制就不是必需的了。

简而言之，在细胞核里面，DNA 充当了制造一种特殊 RNA（信使 RNA 或 mRNA）的模板。当信使 RNA 从细胞核中被释放出来，并被转移到细胞质里面，在那里信使 RNA 遇到了另一种微小结构，即核糖体，在核糖体里信使 RNA 又成了合成蛋白质的模板。在这个过程的结尾，蛋白质形成了构建机体的基石（从红细胞的血红蛋白到肌肉的肌动蛋白和肌球蛋白），为遗传物质与细胞功能[1]相结合的链条提供了最后一环。

DNA复制这一系列复杂的过程，可以概括为一句话："DNA制造RNA，RNA制造蛋白质。"，这一过程的发现对现代细胞生物学具有里程碑式的意义，而且这一过程还有一个更响亮的叫法——分子生物学中心法则（central dogma of molecular biology）。

在科学的语境中，使用"法则"这个词是挺奇怪的一件事。卡尔·波普尔说过："一种假说，只有通过实验可证伪，才能说这种假说可以被接受。"他强调："明天这里可能会下雨，也可能不会下雨。"这句话并不会被认为是一个经验性的判断，因为人们根本没办法去反驳这句话。但是"明天这里会下雨"这句话被认为是经验性的，而我们前面提到的那种情况却是：法则从定义上没法被证伪。在《创世纪的第八天》（*The Eighth Day of Creation*）这本书里，作者霍勒斯·贾德森解释了弗朗西斯·克里克把他的研究成果命名为"分子生物学中心法则"的原因。书中写道："克里克本可以把他的研究成果命名为'中心假说'……而且他当时也确实打算这么做，'法则'其实只是个响亮的口号罢了。"

---

[1] 细胞会在由其组成的组织以及器官内进行增殖，比如肝细胞分裂的场所就是肝脏。在像我们人类一样的高等生物体内，细胞会承担很多职能：生长、迁移、分泌、通信……这些细胞的职能既和它们的结构有关，又和它们所处的机体位置有关。比如，脑细胞的一个功能就是传递神经脉冲，而心脏细胞的功能就是收缩，将血液泵送给所有器官。

逆转录病毒使中心法则变复杂了

我们在前面的章节中提到过，病毒是由蛋白质衣壳及包裹在蛋白质衣壳里面的遗传物质组成的类生命。病毒的遗传物质有（双链）DNA 和（双链或单链）RNA 两种形式。

基因组（或基因库）是机体全部遗传物质的集合。

病毒的基因组包含了生产两类蛋白质的指令，一类蛋白质作为它的衣壳，另一类蛋白质则是病毒复制必需的。后一类蛋白质是针对宿主细胞的，在传染的过程中表现活跃。我们说过，病毒没法独立完成复制和蛋白质的合成。为了生存、繁殖，以及传播，病毒需要依靠宿主细胞。病毒有很多种不同的方式进入细胞。寄生在细菌身上的病毒会附着在细菌细胞表面的特定点上，在细菌表面钻出一个洞之后，病毒会把自身的 DNA 注入。其他种类的病毒和逆转录病毒的情况是：宿主细胞表面的受体（受体是一种与病毒某一部分具有高亲和力的分子）会吸收外界环境的病毒，最后导致宿主细胞被病毒"殖民"并被迫生产新的病毒。

逆转录病毒的遗传物质由单链 RNA 组成，是一种很特殊的病毒，它们具有很多特性，使其不同于其他病毒。

逆转录病毒的遗传物质是 RNA。在被称为逆转录的过程中，它的 RNA 被转录为 DNA，新生成的逆转录病毒 DNA 具备整合到宿主细胞 DNA 上的能力。

　　为了开始自我复制，逆转录病毒采取了与之前沃森和克里克发现的机制相反的机制。通常都是由 DNA 转录为 RNA，但是逆转录病毒则相反：它们的 RNA 被复制到 DNA 中（逆转录或反转录）。每一个单链 RNA 转录为一个双链 DNA。在上述阶段结束之后，逆转录病毒基因组的繁殖过程就和我们前面讲过的常规过程一样了：DNA → RNA →蛋白质（图 3.1）。

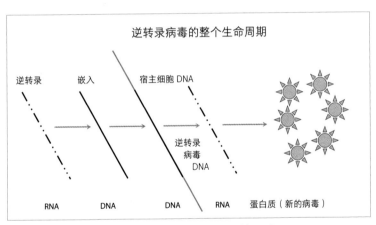

图 3.1　逆转录病毒基因组的繁殖过程

　　逆转录病毒的发现对"分子生物学中心法则"来说绝对是个大麻烦，我会在之后为大家讲述逆转录病毒的来源。之所以说它是个大麻烦，是因为逆转录病毒从 RNA 转录成 DNA 的这一现象，与经典的分子生物学中心法则中提到的顺序相反，这一点非常惊人，但是人们更感兴趣的点却是逆转录病毒是如何将自己的基因组嵌入到宿主细胞中的。我们称这种嵌入的能力为"整合",是逆转录病毒整个生命周期中最重要的阶段。

得益于将自己的 RNA 逆转录为 DNA 这一独特能力,逆转录病毒会将自己的基因嵌入到宿主细胞的基因组里。逆转录病毒的基因被永久性地整合到宿主细胞基因中这一现象就定义了什么是逆转录病毒感染,而且这一现象只属于逆转录病毒。

我们现在聊一聊逆转录病毒繁殖成功的决定性阶段。事实上,只有当逆转录病毒把自己的基因整合到宿主的 DNA 上之后,它们才能进行转录和翻译,然后再生产新的 RNA,自我繁殖并将感染扩散至整个机体。从这一刻起,整合后的 DNA 的行为就和被感染的细胞中的任何基因一样。

最近发现的 RNA 干扰现象,以及所谓的"抑制基因表达"使克里克的中心法则进一步复杂化的问题,[1] 我认为很正常,因为进一步的研究势必会使分子生物学中心法则更加复杂。

---

[1] 得益于技术的进步,我们可以观察到宿主细胞的 DNA 也会被转录成某些特定的 RNA 片段,并且这些 RNA 片段可以通过一些复杂的过程来抑制分子生物学中心法则的最后阶段,即 mRNA 翻译为蛋白质。这种自然机制可以让宿主细胞控制哪些基因是活跃的,以及这些基因活跃的程度,据推测这种机制的进化是为了抑制 RNA 病毒的复制。在实验室中,这种机制被人工复制并应用到抗病毒和抗癌治疗中,前景很美好。

界限问题

　　嵌入到宿主细胞 DNA 中的逆转录病毒 DNA 被称为原病毒或者原病毒 DNA。逆转录病毒和它的宿主细胞之间形成如此紧密的关系，有着深层次的生物学与病理学内涵。首先，很多情况下原病毒 DNA 都是没有活性的，隐藏在数以百万计的细胞基因中；它不会去生产蛋白质，免疫系统也不会察觉到它的存在，因为免疫系统只能识别出外来蛋白质，不能识别与自身细胞所携带的 DNA 片段完全相同的 DNA 片段（序列除外）。

　　这个过程引起了所谓的潜在逆转录病毒感染，这是一种能够使病毒与宿主达成停战协议的有效机制：病毒老老实实的，免疫系统也忽略它们的存在。只有当原病毒 DNA 再次被激活时——重新开始 mRNA 的转录和蛋白质的翻译——免疫系统才会重新去攻击病毒。原病毒 DNA 激活的原因不得而知，但是据我们的观察，宿主细胞的新陈代谢和转录越活跃，原病毒 DNA 就越容易被激活。

　　在后面我们会看到上面提到的那种妥协对双方都是有利的。实际上，还有人提出这样的假设——要是我们的 DNA 与病毒之间不存在这种神秘联系的话，我们人类可能也不复存在了。逆转录病毒是一种不可思议的小东西，而且会出现在我们的群体记忆里，因为它与当代最大的悲剧之一 ——艾滋病有关。

　　从宿主机体的生物学结果来看，需要阐明一下，存在两种可能的逆转录病毒基因"整合"方式：整合到体细胞 DNA 中以及整合到生殖细胞（精子、卵子，以及精卵结合产生新的个体）DNA 中。

整合到体细胞（人体 99.99% 的细胞都是体细胞）DNA 是会产生影响的，有时会造成损伤，有时又会带来好处。从某种意义上来说，第一种整合是受限制的，因为这种整合只局限在同一机体的某些特定细胞及其子细胞中，并不会迁移到新的机体及其子孙后代的机体中。

但是，逆转录病毒基因整合到生殖细胞 DNA 这种情况则会将逆转录病毒传染给后代的全部细胞。这时我们说逆转录病毒已经变成"内源性"的了，即已经变成个体基因组的一部分了。事实上这种现象很普遍，人体基因组中有 8%~10% 的基因是由内源性逆转录病毒基因序列构成的，这些基因不一定会对人体构成危害，其生物学意义尚不得知。

然而在这里我们需要停下来思考一个事实，我认为这个事实代表着现代生物学最迷人的发现，让我们对"人的本质"有了全新的认识。那就是，我们基因组中有 10% 的基因源自逆转录病毒，另外 15% 的基因也可以追根溯源到病毒，这让我们认识到，病毒比我们几十年前所认为的要重要得多。

我们的身体内全是逆转录病毒的痕迹，我们的每个细胞都充满了逆转录病毒的痕迹。同样，逆转录病毒体内也全是我们的痕迹，因为每个在我们的身体里完成复制的逆转录病毒的外部膜（称为包膜）上都会有来自宿主细胞的脂类与蛋白质。这真是个很难的哲学问题啊。

如果我们的 DNA 中满是逆转录病毒的基因，而且逆转录病毒体内满是我们的蛋白质，那么我们与逆转录病毒的界限是什么呢？

可不可以认为我们的细胞和病毒只是在表现上不同呢？

确切地说，我不知道。但我认为这是值得深入思考的问题。

艾滋病病毒即是逆转录病毒的其中一种，或许是现代医学史上最无情的杀手之一，但并不一定是需要我们严防死守的敌人。相反，它们的出现只是"碰巧"，并在不经意的情况下给我们造成了损伤。另外，我们也会发现，逆转录病毒也会送给我们一些意想不到的礼物。

裴顿·劳斯的发现

逆转录病毒与宿主细胞之间密切的相互作用，使我们相信传染病与非传染病的区别并不像乍看之下那么明显。事实上，逆转录病毒的感染，是病毒由于种种原因选择了一条错误的路径，打破了与宿主之间的平衡，并最终导致疾病，这与许多情况下细胞或者组织因为自身的行为而"发疯"差不了太多。

鉴于此，逆转录病毒与癌症存在密切关联这件事也就不足为奇了。癌症只是一种被称为"致瘤性转化"的复杂生物过程的临床表现，癌变的细胞改变了其原本的某些根本特征，变得能够独立，以及不受控制地生长和增殖。所有这些不可逆的改变都是可以在 DNA 层面进行识别的。

有一个关键点需要记住：癌细胞具有一系列特征（生长速度快，"不死"，能够侵袭其他组织），这些特征是干细胞和胚胎细胞的典型特征，能够主导胎儿的发育，并在人类成年期的大部分时间里处于非激活状态。

在本书中我们会发现，生命的本质（胎儿的成长）和最可怕的死亡形式（癌症）可以表现为同一种生物现象的两个方面，而这种现象的核心则是逆转录病毒那极具创造性又极具破坏性的行为。

我们争取每次都能更深入一点。鉴于逆转录病毒具有将自己的基因整合到宿主细胞的 DNA 上的能力，显然其具有诱导基因变化的潜在风险，而这些变化中就包括了癌变。读者朋友们，如果您能跟上我讲述的节奏，那么您肯定能说出为何会这样了：一方面，逆转录病毒能够改变宿主细胞的基因组；另一方面，为了完成复制，它们需要被感染的细胞具有旺盛的新陈代谢和良好的增殖能力，这样一来，细胞就容易发生致瘤性转化。

让我们更好地解释一下：逆转录病毒更喜欢那种具有更高癌变趋势的细胞。实际上，你猜怎么着？首个被发现的逆转录病毒就是一种导致鸡的肿瘤的"劳斯肉瘤病毒"。该病毒是由纽约洛克菲勒大学的裴顿·劳斯于 1911 年发现的，这一发现为他赢得了诺贝尔生理学或医学奖。事实上，劳斯并未发现这种病毒是逆转录病毒（因为自那之后又过了 50 年，才发展出逆转录这一概念），但是他发现这种鸡肿瘤是由一种病原体导致的，而且人们常用的过滤细菌的办法对它并不起作用。劳斯指出这种鸡肿瘤是由某种"滤过性病毒"或者滤过性毒素导致的——实际上它是一种经典的逆转录病毒，我们称其为 RSV（Rous sarcoma virus，劳斯肉瘤病毒），属于 α 逆转录病毒家族（之所以这么称呼是因为它们是最早被发现的）。在感染了鸡的结缔组织细胞之后，该病毒会表达出一种酶[1]促活性的蛋白质，这种蛋白质让被感染的细胞迅速增殖，从而引发肿瘤。

如何获得诺贝尔奖

在上一节中我们说过，裴顿·劳斯在 1911 年发现了劳斯肉瘤病毒，但是直到 1966 年才获得诺贝尔生理学或医学奖，中间隔了足足 55 年。这漫长的等待也解释了劳斯曾讲过的一个著名的笑话。劳斯的学生问他："对您来说，要想在我们这个领域功成名就，什么特质是最重要的？"劳斯回答他："真正的秘诀就是得活得足够久。"③

实际上，劳斯很幸运，不仅因为他活到了 91 岁，更因为他是"第一个发现病毒性肿瘤的人"。关于他 1911 年的研究，劳斯很诚实地承认他的实验结果与"奥鲁夫·邦格和威廉·埃勒曼在 1908 年对鸡白血病的研究中得到的结果"很相似。两位丹麦科学家将研究结果发表在了一份名气不大的德语刊物上，事实上两人已经指出，感染病毒会使鸡患上白血病。

那么为什么劳斯独享了这份荣誉呢？很简单，在 1908 年白血

---

[1] 酶是一种复杂的蛋白质，能够促进和加速生化及代谢反应。一个经典的例子就是胰腺产生的酶能够促进消化。

病还不被人们看作是一种真正的癌症，当时的主流观点认为白血病是一种传染病。

不管正确与否，人们依然认为劳斯是发现病毒致癌的先驱。用他的话来说，获得诺贝尔奖最好的办法是活得足够久，并且期望没有人注意到已经有人在你之前得到了和你一样的发现。

危险的关系

我们再回到逆转录病毒与癌症之间的关系。逆转录病毒将自己的基因整合到宿主细胞的基因组这件事发生的概率是很高的，而与之相比，逆转录病毒导致癌症的概率其实很低。导致二者的发生概率相差这么大的原因比较复杂，但根本原因是肿瘤的产生是一个多阶段多诱因的过程，需要多种诱因并发才会导致肿瘤。另外，并非所有逆转录病毒扰乱宿主DNA序列和功能的机制都是有害的。事实上，逆转录病毒会通过三种分子机制引起细胞癌变，而这三种机制的有害程度是不同的。

第一种机制，逆转录病毒直接导致肿瘤，比如劳斯肉瘤病毒，在这种情况下逆转录病毒会在自己的基因组中携带一个作为癌基因的DNA片段，这个DNA片段可以表达和翻译出能够导致宿主罹患肿瘤的蛋白质。

第二种机制，逆转录病毒间接导致肿瘤，逆转录病毒通过一种意外机制导致肿瘤，这种机制并非其内在属性。换句话说，逆转录病毒的基因整合会破坏宿主细胞的基因表达，容易导致癌症的潜在发展。但是需要注意，并不是逆转录病毒携带致癌因子，而是它消极干扰了宿主细胞防止癌变的机制。我们需要考虑到逆转录病毒的每次整合最终都会改变甚至消除一定数量的基因的功能。如果是某个抗癌基因的功能被改变了，那么逆转录病毒感染就会导致赘生物的出现（会促进癌症的发生）。

第三种机制，是一种更间接的机制，比如艾滋病病毒就是一种逆转录病毒，其会削弱免疫系统的免疫能力，即造成所谓的免疫缺陷，因此使人体暴露在罹患癌症的高风险中。这种机制不同于前面两种机制，癌变的细胞甚至可能没有被逆转录病毒感染。

尽管逆转录病毒会通过上述三种机制导致肿瘤，但是简单地认为逆转录病毒感染的唯一后果就是致癌那就太肤浅了。事实上，在自然界中大多数的逆转录病毒感染是不致病的，即不会引发任何不适，肿瘤只是逆转录病毒能够导致的一系列结果中比较罕见的结果。

逆转录病毒

我们进一步研究一下逆转录病毒的划分。

其中一种划分是依据"简单"与"复杂"来进行的。简单逆转录病毒只有三个基础基因，分别为 gag（类特异抗原基因）、env（包膜蛋白基因），以及 pol（逆转录酶基因）。复杂逆转录病毒除了有上述三个基础基因，还有一系列承担着独特功能的辅助基因，这些基因的命名通常很复杂（我们在这里就不赘述了）。

简单逆转录病毒分为 α 逆转录病毒、β 逆转录病毒、γ 逆转录病毒、ε 逆转录病毒，而复杂逆转录病毒则分为 δ 逆转录病毒、慢病毒，以及泡沫病毒。艾滋病病毒，HIV（Human Immunodeficiency Virus，人体免疫缺陷病毒），是一种慢病毒属的逆转录病毒（我会在后续章节为大家详细介绍）。

本书的主旨并不是让大家去分析各种逆转录病毒之间最细微的差别，自然界存在无数的逆转录病毒，而且它们可以传染非常多种类的多细胞生物。然而，我承认，通过对逆转录病毒的研究，我们可以得到很多与这些病毒相关的重要发现，比如我们可以研究家畜所罹患的疾病（如果某种病毒能够传染家畜也能够传染野生动物，那么显然研究母鸡、绵羊、山羊要比研究犀牛、北极熊轻松很多）。所以接下来我将带着大家快速游览一下这个神秘微生物的世界。

第一种简单逆转录病毒是 α 逆转录病毒，是典型的鸟类病毒，有时候也会感染啮齿动物，通常会引发肿瘤。第二种简单逆转录病毒是 β 逆转录病毒，最典型的例子就是 MMTV（Murine Mammary Tumor Virus，鼠乳腺瘤病毒）。MMTV 是一种很奇怪的逆转录病毒，打乱了原有的负责秩序。它既可以通过内源性的形式（将自己的基因整合到宿主的 DNA）传播，也可以作为外源性病毒，通过母乳喂养由母亲传给孩子。

一直以来人们认为 MMTV 是一种典型的简单逆转录病毒，它拥有 rem 基因，能够促进病毒在细胞核与细胞质之间的传播。由于拥有 rem 基因，在是否可以将 MMTV 归为复杂逆转录病毒这一问题上，病毒学家们展开了激烈的讨论，这里我们暂且搁置争议。

对免疫学家以及研究员而言，MMTV 很有研究价值，因为其能够产生一种被称为"超抗原"的蛋白质，这是一种具有激发免疫反应潜力的蛋白质。对研究人类肿瘤的人来说，MMTV 的价值在于在乳腺癌患者身上发现了与这种老鼠病毒相似的基因序列。

第三种简单逆转录病毒是罕见的 ε 逆转录病毒及 γ 逆转录病毒。γ 逆转录病毒不仅能够导致鸡、老鼠罹患白血病和其他癌症，也会使猫、猴子、猪、蛇罹患白血病以及其他癌症。我们的 DNA 中携带的很多内源性逆转录病毒都与 γ 逆转录病毒类似，因此有人提出了一种假说，但至今尚未得到证实：这些基因序列，至少在一定程度上与人体肿瘤有关。

很快我们就会看到，一些人体肿瘤毫无疑问是由像 δ 逆转录病毒这样的复杂逆转录病毒引起的。1981 年在美国贝塞斯达国家癌症研究所的罗伯特·加洛的实验室中发现了这类病毒中的第一种病毒：HTLV-1（人类嗜 T 淋巴球病毒 1 型）。[④]尽管 HTLV-1 及其表亲牛白血病病毒（BLV）能够引起癌症，但是概率非常低（人类罹患癌症的概率小于 5%，牛则更低）。事实上，很明显这些复杂逆转录病毒与宿主之间签订了一个和平协议，因此几乎没有引起疾病。这让我们又想起了那个生物学的中心定理：和平才是常态，战争只是意外。

其他复杂逆转录病毒是慢病毒（我们将会在后面的内容中做详细介绍）和泡沫病毒，泡沫病毒见于哺乳动物，其中就包括猴类和人类。泡沫病毒也是与宿主之间签订了和平协议的典型例子。是什么说明了这一点呢？——尽管泡沫病毒很常见，但是在人类和猴类身上还没发现由泡沫病毒引起的疾病。

以上这些现象都很好地驳斥了我们之前那个肤浅又错误的认识，即认为病毒都是疾病的媒介，病毒一定会造成病痛、死亡。

我还想深入讨论一下我刚才提到的话题。我刚才说过逆转录病毒只是搭乘我们身体这趟列车的乘客，这些人畜无害的乘客偶尔也会发疯变成"杀手"。但是有没有可能逆转录病毒对我们自身的生存起到决定性的促进作用呢？它们有没有可能是对我们"有益的"呢？我会在接下来的章节中试着回答这个问题。但是目前我们先回到"西班牙流感"这一话题上，讨论一下为什么受害者往往是身强力壮的年轻人。

4

人类与病毒

是悲剧，也是教训。在决定历史政治进程方面，相较于军人及政治家，流行病通常扮演着更重要的角色。

——让·杜博

西班牙噩梦

我们知道，在西方历史上一个重要的时期是 1918 年。我相信即便是最迷糊、最不用心的学生也能回答出来，第一次世界大战就是在这一年结束的。第一次世界大战可谓是 20 世纪最重大的事件之一，在法兰西—比利时的前线、在东欧草原、在阿尔卑斯山、在巴尔干半岛、在安纳托利亚，数百万年轻人伴随着死亡交响曲被夺走了生命。1918 年也是红色的布尔什维克与白色沙俄之间爆发可怕的内战的一年，这场内战一直持续到 1921 年，从此通向伟大的共产主义理想的大门正式打开了。

只有少数人会记得在 1918 年秋天发生的另一重大事件，这一事件在全世界产生了重大的影响。实际上，它的前奏发生在这一年的初春，当时在某些国家和地区出现了传染性极强的流感，但是多数患者都可以在几天内痊愈。

然而，几个月之后情况恶化了。第二波疫情中，致命的病例，特别是在青壮年群体中变得非常普遍。所谓的"西班牙流感"暴发了。[①]这场疫情的感染人数上升到了令人恐惧的地步。

在英国有 25 万人丧生，在法国和日本有 40 万人丧生，在美国有 50 万人丧生，在印度有数百万人丧生。不同的地区死亡率也是不同的：在一些太平洋的岛屿，比如西萨摩亚和斐济群岛，死亡率超过了 20%。

在某些地区整个村庄绝户，房子里堆满了白骨。在别处的情况也很可怕。由于医生人数过少，没办法及时为病人看病，为了防止进一步的传染，被感染的人被迫待在卫生条件糟糕的帐篷和棚屋里。病人、尸体与垂死的人一个挨一个并排躺在一起，掩埋尸体时棺材都不够用。

在美国阿拉斯加州，情况严重到了难以想象的地步，当时的州长托马斯·里格斯采取了很多应急措施来应对这一传染病：封锁港口，建立隔离点，限制旅客进入阿拉斯加州，之后里格斯又下令关闭学校、教堂、剧院，以及公园。尽管采取了这些举措，传染病还是在原住民居住的村落蔓延开来，也许不利的气候条件也助长了传染病的蔓延，几周之内，在诺姆地区的 300 名因纽特人中就有 176 人死亡。

在阿拉斯加州一些更偏远的社区中，甚至出现一家子都成了冻尸的情况，因为全家都得病之后根本没人有足够的力气去生火。为了最大限度阻止传染病扩散，里格斯禁止原住民进入人口稠密的城市和村庄。这些人被限制待在自己家里，他们太虚弱了，根本没法去打猎获得食物，也没法去砍柴生火，即便当疫情最严重的阶段已经过去后，他们还是相继死去。幸存下来的人是靠吃他们的狗活下来的，被遗弃到野外的宠物则靠吃死尸活下来。

正如你所看到的，"西班牙流感"恐怖的死亡率远远高过了普通季节性流感的死亡率，普通流感只是有点讨厌，大多数患者都会在1周内痊愈。当然这也并不意味着它就是无害的：例如，仅在2007—2008年，美国就有3万人因流感死亡。

需要重点强调的是，90%或者更高比例的"普通"流感的死者都是老年人或患有其他种类慢性疾病的人。而"西班牙流感"才不管这些，年轻患者的症状反而更严重，我们在后面会详细讨论。

▬▬▬▬

病毒靠多种机制适应人类和其他宿主，通常情况下这些机制会产生新的基因组合。那么我们就来谈谈新的基因组合：基因突变（是基因进行复制时出现的随机错误，发生在基因复制时），基因重配（两种毒株同时感染了同一个细胞并且交换一个或多个基因），以及基因重组（两种在基因方面差别不大的毒株互相交换基因片段）。基因重配会将不同种类的毒株组合起来，比如鸟类病毒毒株和人类病毒毒株组合。

有一些病毒基因，比如组成流感病毒的那8个，它们非常不稳定并且经常发生突变，这成为病毒多样性的根本原因，[1]得益于此，这些病毒能更快、更有效率地进

---

[1] 遗传变异是进化的基础，在种群中，自然选择会保留更适应环境的变异。对病毒来说，宿主机体就是它们的环境。

入并适应宿主身体。

　　一方面，当一种病毒发生特定的一种突变，即所谓的"抗原漂移"，宿主的免疫系统就不再能识别病毒的抗原了，即便免疫系统在过去已经对突变之前的病毒有了"免疫记忆"（比如 1 年前接种了流感疫苗）。这就是为什么目前的流感疫苗没办法保证绝对的免疫力，必须每年重复接种。

　　另一方面，当人类病毒毒株和另一种病毒毒株（比如来源于其他动物的病毒毒株）交换了一个基因（抗原转换），就产生了一种不同于原来两种病毒的全新病毒，与对付简单的基因突变相比，免疫系统在面对这种全新的病毒时表现得非常吃力，至少在初期会是这样。

　　2005 年，一个研究小组得出结论，"西班牙流感"病毒和我们熟知的在人类、禽类，以及猪之间直接传播的病毒没有区别，但是病毒进化了（通过简单的基因突变和重组，没有基因重配），可以直接从禽类传播给人类——人类并不是它们的"自然宿主"[1]。换言之，由于"西班牙流感"病毒基因里并不存在任何人类流感病毒基因，因此我们的免疫系统无法识别该病毒表面的抗原。

---

[1] 尽管传染率很高（准确的术语是"现患率"），那为什么有些物种被病毒感染之后并不会发病，而有些物种被同种病毒感染之后会丧命？在漫长的岁月里，宿主和病原体之间建立起了某种适应机制，在病毒复制和破坏免疫系统这两件事之间达成了平衡。这种平衡是多种因素的结果，比如在自然宿主体内，病毒引发免疫反应的能力或改变被感染细胞的能力下降了。

"西班牙流感"令社会和经济蒙受了巨大的损失，艺术界、科学界也蒙受了巨大的损失。在死于"西班牙流感"的名人中，我们找到了纪尧姆·阿波利奈尔、马克斯·韦伯、音乐家休伯特·帕里，以及画家埃贡·席勒的名字。在幸存者中还有华特·迪士尼、画家蒙克、富兰克林·罗斯福，以及埃塞俄比亚皇帝海尔·赛拉西一世。

"西班牙流感"导致的死亡集中出现在几个月内，并持续影响整个世界 1 年左右，之后就彻底消失了。更矛盾的是，接下来几十年里没有再暴发过这么严重的流感了。为什么？没人知道。

历史上的传染病

尽管"西班牙流感"导致如此多的人丧生，但人们很快就忘记了这个传染病[1]，也许是第一次世界大战的悲剧已经让大众麻木了，每个月都会有几千名年轻人死在战壕里、死在前线上，对于死亡人们已经习惯了。对我们人类来说，痛苦和绝望并非是无穷无尽的，而是有限度的，因为我们的大脑经过了上万年的筛选，即便我们亲眼看到父母、兄弟姐妹、子女去世，我们强大的大脑

---

[1]"流行性疾病"和"大规模流行性疾病"有什么区别呢？"流行性疾病"是指某种疾病在特定人群特定时间段内的患病概率大大超过了预期值，而"大规模流行性疾病"是指疾病流行的范围不再是特定人群，而是扩大到某一个大区域，比如整个大陆或者全世界。当某种流行性疾病影响到很大一部分人口时，我们就称其达到了"大规模流行性疾病的程度"。

也能支撑我们活下去。"西班牙流感"并不是我们身边唯一的"坏病毒"。想想天花，它折磨了人类数千年并且引发了至少两次严重的疫情。

第一场疫情的大暴发出现在 165—180 年的罗马帝国，史称"安东尼大瘟疫"，据统计造成了数百万人死亡。第二场疫情的大暴发出现在墨西哥阿兹特克帝国，这场瘟疫帮助西班牙迅速占领了中美洲。

"安东尼大瘟疫"是由麻疹病毒引发的，但在历史书中却鲜有记载。这场瘟疫发生在著名的"罗马五贤帝"时代末期（涅尔瓦、图拉真、哈德良、安东尼、奥古斯都），一些史学家声称这场瘟疫为之后的社会政治动荡埋下了祸根，伴随着康茂德的登基，整个帝国彻底陷入了暴力、腐朽、衰落。

如果洛伦佐·美第奇能够活得久一点，也许佛罗伦萨会统一意大利，那么意大利的历史走向会大不一样。同样，很多人也会设想没有"安东尼大瘟疫"的罗马帝国会如何发展。谁知道呢，那时候的罗马帝国有稳固的政治经济基础、强大的军事实力、先进的科学技术，或许会出现很多重要的发明吧，比如火药、蒸汽机、电，从此改变了历史进程，把人类从中世纪的黑暗中拯救出来。

同样我们也会好奇：要是墨西哥（以及几个世纪前的北美）的原住民没有被天花病毒和麻疹病毒折磨得如此虚弱，或许他们会对来自东方的攻击进行猛烈的反击。

以上简短的历史回顾促使我思考一个看上去微不足道，但实

际上我认为具有决定性意义的问题。我们所有人都习惯或多或少
地将人类的历史看作是某种合乎逻辑的思想或者现象的集合，在
这当中我们人类的意志与智慧体现为发现、征服、战争与阴谋，
始终处于核心位置。但是我们确定这就一定正确吗？

此外，如果将人类的历史看作是某种新病毒（以及其他一些
病原体）在特定的时间、特定的空间，以特定的方式进入到人类
族群中而导致的后果，那么这些后果极大地改变了原有群体之间
的力量平衡。

一场赢了的赌局：天花

从科学的角度看，天花疫情的历史是很有研究价值的。我们
观察并研究天花病毒和免疫系统之间相互作用的机制，使得我们
能够通过实施一个涵盖全球人口的疫苗接种工程来彻底根除这种
病毒。

"天花病毒"是一种痘病毒，是天花这一烈性传染病的罪魁祸
首。事实上天花主要有两种临床表现形式，症状较为严重的叫"重
型天花"，症状较为温和的叫"轻型天花"。重型天花是一种致命
的传染病，患者通常会毁容。

天花患者面部会出现皮肤病变（长出皮疹，俗称麻子），幸
存下来的患者身体上会留有难看的疤痕。而重型天花会让患者死
于肺部并发症（根据最可靠的数据来源，致死率高达30%），而

且传染性极强，17~18 世纪，仅仅在欧洲每年就会造成数十万人死亡。

法国历史也受到了天花的影响：国王路易十四的王位该由谁来继承就出了问题——他的儿子、孙子这些直系男性继承人都因为天花去世了。

轻型天花的致死率很有限，低于 1%，并且轻型天花病毒主要攻击皮肤。在古代，传统医学的医生已经知道感染过这种病毒的人对重型天花传染是有抵抗力的，从这一事实出发就产生了中国传统医学里著名的"人痘接种术"。"人痘接种术"是人为地让轻型天花在人群中，特别是年轻人群中传播开来，使他们获得对重型天花的免疫力。

在欧洲，这种疗法的先驱是蒙塔古夫人。蒙塔古夫人是 18 世纪的一位英国贵妇，其丈夫是驻奥斯曼土耳其的大使，她跟随丈夫在土耳其生活期间学会了这一疗法。回到英国之后，蒙塔古夫人费尽口舌地劝说她的同胞们采用人痘接种术抗击天花，人们不但不领情还说她坏话，说她只是个妇女，不是医生。但她的思想基础是正确的。几十年后，爱德华·詹纳，接种疫苗法的发明人证明了这种方法的可行性（接种患有天花的母牛脓包提取物），从而彻底改变了医学的进程。②

正如前面所述，基于三个原因，我们才具备了根除天花的能力。第一个原因是，接种天花疫苗后引起的免疫反应能够产生抗体，病毒会被抗体消灭——这显示了疫苗的功效；第二个原因是这种病毒只传染人类，人类都接种疫苗后自然就消灭了这种病毒；最后一个原因是这种病毒一直扮演着"十恶不赦"的角色，换句话说，它可怕的传染性激励了医生和科学家用他们的聪明才智寻找解决方案。

没有疫苗吗?

尽管有些讨厌的病毒没办法被彻底根除，但有疫苗能保护我们免遭感染（比如脊髓灰质炎、麻疹、腮腺炎、风疹、水痘、轮状病毒、人乳头瘤病毒等）。可不幸的是，还有一些讨厌的病毒，我们目前仍然没有有效的预防措施。的确，我们不能仅仅局限在针对流感、天花这类病毒的讨论上，毕竟还存在着大量我们无法战胜的病毒。

我们只要想想那些可以感染中枢神经系统并且在几小时内让人永远进入植物人状态的病毒（比如西尼罗河病毒和常见的单纯疱疹病毒），就知道这些病毒有多可怕了。在嗜神经性病毒（那些攻击神经系统的病毒）中最著名的例子之一就是狂犬病毒，尽管有了可用的疫苗，但时至今日它的致死率依然几乎是百分之百。

也存在很多没那么引人注目但同样危险的病毒，比如阴险的轮状病毒，会导致2岁以下的儿童出现严重的腹泻脱水现象，特别是在发展中国家，它导致了成千上万的儿童死亡。再比如肝炎病毒，特别是由丙型肝炎病毒（HCV）所致的丙型肝炎，患者的肝脏会持续遭受慢性损伤，每年会导致数千人死亡（幸运的

是目前引入了新型的抗病毒药物，可根除患者体内 90% 以上的
HCV ）。

接下来谈一谈那些"欺软怕硬"[③]的病毒，当人体接受器官
移植手术、接受化疗，以及罹患艾滋病之后，免疫系统会变得很
虚弱，此时某些可恶的病毒，比如巨细胞病毒、BK 病毒，以及
JC 病毒（人乳头瘤病毒的远亲）会从背后偷偷袭击虚弱的免疫系
统。这些病毒对免疫系统的袭击往往是个缓慢的过程，但是在这
里我们想帮助读者回忆起一些会导致每天数千人丧命的"恶棍"
病毒。它们的恐怖之处并非在于造成的死亡人数，而是在于这些
病毒所引起的疾病的严重程度，或者是因其所引发的传染病大暴
发让人措手不及，比如 2003 年的 SARS 或者 2014 年的埃博拉
出血热。

在最恐怖的传染病病毒里面，埃博拉病毒绝对有一席之地，
但事实上（你我）死于埃博拉病毒的概率要远远小于死于雷劈或
者杀人蜂袭击的概率。一旦被埃博拉病毒感染，患者就会出现恐
怖的病症，而且死相吓人，会出现严重的出血热，身体的每一个
器官都会被内出血摧毁，这无异于遭受凌迟酷刑。埃博拉病毒属
于外观呈丝状的一类病毒（通过电子显微镜观察，样子很像鞋带），
即丝状病毒科。这一科下还有马尔堡病毒，它的历史也很值得谈
一下。

马尔堡病毒（以及埃博拉病毒）的奇怪历史

马尔堡是位于德国黑森州的一座城市，距离法兰克福不远。1967 年之前，这座城市因为是伊丽莎白（伊丽莎白曾经是一位匈牙利公主，在她有限的 24 年生命里，为这一地区的穷人做了很多善事）行善的地方而闻名。

1967 年，一只来自非洲乌干达的猴子将一种日后被称为马尔堡病毒的丝状病毒传染给了 31 个人，这只猴子原本是杰特贝林医药公司用来试验疫苗的。这导致两名医生、一名护士，以及一名解剖助理等 7 人不幸丧生。他们都迅速出现了典型的出血热症状并伴有严重的肾脏和肺部不适。自从这次在中欧出现之后，马尔堡病毒就只在非洲出现过，引起了两场马尔堡出血热疫情，一场发生在刚果（1998—2000 年），一场发生在安哥拉（2004—2005 年）。

尽管该疾病的死亡率[1]非常高，但马尔堡出血热导致的死亡人数一直没有破千，可即便如此，那次德国疫情的影响到现在依然没有平息。

埃博拉河是一条流经刚果北部的河流，一座名为亚姆布库的村庄傍河而建，这个村庄因一场惨剧而出名——1976 年在那里暴发了现代医学史上有记载的第一次埃博拉出血热。就死亡率而言，埃博拉出血热无疑是飓风级别的：从首次出现症状开始，大

---

[1] 某种疾病的死亡率是指在某确定人口范围内，由该疾病导致的死亡人数的百分比。

约 90%（318 名患者，280 例死亡）的患者都会在几天内死亡。

亚姆布库当地的小医院由弗拉芒管理经营，由于传染病暴发后 17 位医护工作者中有 11 人死亡，医院被迫关闭。这一传染病在医院关闭不久后便不再蔓延，人们怀疑很可能是因为医院使用了没有经过彻底消毒的针头，才导致了如此大规模的传染。

鉴于亚姆布库的埃博拉疫情的巨大影响，我们可以立刻下一个重要论断，这论断看似很荒谬实则不然：潜伏期短并且能迅速置人于死地的病毒，其传播性远不如那些发病缓慢、致死率低的病毒。

埃博拉病毒的媒体效应无疑是巨大的，它就像是一剂催化剂，激起了我们对新的传染病的群体性恐慌，这一点在 1989 年得到了充分的体现——当时，美国弗吉尼亚州雷斯顿市科文斯公司实验室进口的一批猴子身上发现了这一病毒。④

这一事件引起了巨大的恐慌，唯一一例人类感染的病例是无症状的，而且猴群中的传染也很快消失了。人们一直没彻底弄清楚为何这次疫情如此温和。考虑到多种可能性，最有可能的原因之一就是这次运气不错，这一特殊毒株并不感染人类。总之可以确定的是，并无讽刺之意，这次的雷斯顿埃博拉疫情是人类历史上首个虚拟传染病：本该大规模暴发，但事实上却没有。

但是在别的地方，埃博拉疫情着实严重。尤其是在刚果，数百人死于 1995 年和 2007 年的两次大暴发，而在乌干达的本迪布焦地区，2007 年也遭受了埃博拉病毒侵害。我们现在还会在新闻专栏中看到关于 2014—2015 年的埃博拉疫情的报道，尽管开始时埃博拉病毒的迅速蔓延带来了巨大的恐慌，但是传染病研究团体和卫生组织的介入对控制疫情起到了决定性的作用。

免疫系统的叛徒？

对大部分学者而言，1918 年的"西班牙流感"病毒、埃博拉病毒，以及马尔堡病毒有很多相似之处，它们恐怖的死亡率并不是因为这些病毒本身具有多强大的摧毁人类机体的能力，而是由于我们的免疫系统反应用力过猛，引发了过激、不受控的免疫反应所间接导致的。

以"西班牙流感"为例，我引入一个新概念"细胞因子风暴"。由于存在细胞因子风暴，病毒感染会在呼吸系统引发猛烈的免疫反应，和病毒相比，细胞因子摧毁病毒感染者身体的能力更强。大家可能还记得我之前将免疫系统比作军队，而细胞因子风暴就像军队实施地毯式无差别攻击，虽然完成了对军事目标的打击，但是也导致了无辜百姓的伤亡和居民区建筑的毁坏。细胞因子实际上是某些免疫系统的细胞，比如白细胞（淋巴细胞）产生的蛋白质。它们充当其他细胞的信使和中介，在机体对抗病原体的战争中，细胞因子不仅会向某些免疫细胞发出信号，使其冲向战区，还会刺激免疫细胞产生新的细胞因子。起初，免疫反应一切正常，但是当过多的免疫细胞在机体内某个区域聚集时，情况开始变得不受控，一场巨大的危机即将爆发。

"西班牙流感"杀死了更多的青壮年就能说明这一点，因为青壮年的免疫系统更活跃、更强大；而普通的季节性流感，多数情况下会杀死老年人、婴幼儿和免疫抑制者。

面对病毒，免疫系统会陷入困境：究竟是开战还是谈和呢？对那种我们每年冬天都会碰到的普通流感，免疫系统会选择开战，而且战争规模适度，病毒被杀死，免疫系统鸣金收兵，并不会对机体造成损伤。但是我们如何才能知道免疫系统采取的对策是否正确，是否得当呢？凭经验，普通流感病毒可能会危及那些免疫系统羸弱的人（比如老年人、慢性病患者、免疫系统受到抑制的人），而对健康的青壮年来说，普通流感很容易应对。

那你们觉得"西班牙流感"又是怎样的情形呢？这其实是一个很好的问题。对"西班牙流感"进行研究时，病毒学家提出了一些疑问：免疫系统怎么会进化出这种自毁式的模式呢？这种病毒真的比普通流感更危险吗，还是免疫系统过高估计了病毒具有的危险程度，从而选择了错误的应对策略？决定免疫系统做出每一个决策的分子机制又是怎样的呢？

关于病毒的谜团也有很多：病毒从哪里来？病毒想要干什么？它们只是些寄生在宿主细胞中的小东西，唯一的目的就是不顾宿主的生命安危一心想繁殖出更多的个体来吗，还是说病毒也在谋求与宿主之间的和平共存？毕竟宿主死亡意味着宿主体内的病毒也会死亡。病毒与宿主细胞是真正的共生关系吗？仅仅就逆转录病毒而言，人类基因组中塞满了来源于逆转录病毒的基因，那么能说病毒与宿主互利互惠吗？

也正是逆转录病毒引起了关于病毒内在本质的棘手的困境：目前科研人员非常确信，逆转录病毒在人类以及其他哺乳动物的进化过程中扮演着重要并且正面的角色。这也就是为什么深入研究艾滋病病毒这一声名狼藉的逆转录病毒是很有用的。接下来我会为大家讲述人类医学史上可怕的悲剧：艾滋病疫情。

5

黑桃 A

改变世界的非洲猴子和疾病

恐惧是迷信的根源，也是造成残忍的主要原因之一。智慧始于征服恐惧。

——伯特兰·罗素

突如其来的传染病

劳伦斯·彼得·贝拉（昵称"尤吉·贝拉"）是棒球黄金时代伟大的传奇，他与贝比·鲁斯、乔·迪马乔，以及卢·贾里格一同入选了棒球名人堂。尤吉·贝拉是出生于美国圣路易斯的意大利裔美国人，于 20 世纪四五十年代效力于纽约洋基队，创造了辉煌的竞技成绩，退役后成为一名优秀的教练员。

相比于辉煌的运动成绩，尤吉·贝拉说过的那些介于显而易见的事实陈述和反应巧妙的直觉之间的笑话更为有名，比如他针对位于圣路易斯著名的鲁杰里大饭店的评价——"再也没人想去那个饭店了，那里人太多了"，或者"本来做预测就是很困难的事，更何况是对未来做出预测了"。预测，看起来是一个微不足道的概念，但是我们对它的重视程度有多高呢？很高，很高，也许太高了。而且到最后我们都忽略了：其实预测的准确率是很低的（通常预测几乎都是错的）。

有一点是确定的，那就是没有人能预测到艾滋病的暴发。而艾滋病疫情暴发的中心就是 20 世纪 70 年代的美国旧金山，这座充满快乐并且极度反传统的城市。我们在兰迪·希尔茨所著的《世纪的哭泣》（*And the Band Played On*）这本书中能找到关于那个时代的一些描写，特别是对同性恋群体行为习惯的描写，即便时间过了这么久，现在看来仍旧很有参考意义。

简而言之，这座城市到处充斥着一种在当时看来离经叛道的精神，并且在当时人们的言行中体现得淋漓尽致，这一切只为实现一个简单却有力的主张——誓将男同性恋从文化及社会隔离中解放出来。因为在过去几千年里，任何一个人类社会都在排挤驱逐男同性恋（唯一的反例，或许就是古希腊吧）。

我相信有一点是可以肯定的，那就是毫不夸张地说，如果没有特定的背景知识，人们很难明白那些年旧金山到底发生了什么，因此也很难理解当时"除了男同性恋以外的人"在面对艾滋病暴发时的想法和反应。在根据《世纪的哭泣》改编的同名电影里，有一个著名而感人的场景：在医院大厅里，一位得知自己确诊艾滋病的中年编舞老师看着候诊室喧闹的同性恋游行队伍，喃喃自语道："狂欢该结束了。"

最初的几例艾滋病病例令医生大为震惊。医生对即将发生的灾难一无所知。一直到 1981 年的夏天，对这些病例的报道才出现在科学出版物里。最开始只是美国负责监管新型疾病的亚特兰大疾控中心在《发病率与死亡率周报》（*Morbidity and Mortality Weekly Report*）上发表了一篇报告，对这种新型疾病做了简要介绍（报告由迈克尔·戈特利布撰写提交，后来他成为好莱坞名流的私人医生），之后在由哈佛大学主编的《新英格兰医学杂志》和《柳叶刀》中也刊登了一系列相关文章。

在这些文章中，几位来自美国加利福尼亚州和纽约的医生介绍了几例年轻的男同性恋病例，他们在没有明确原因的情况下患上了两种奇怪而罕见的疾病：肺孢子菌肺炎（PCP）及卡波西肉瘤（KS）（图5.1）。肺孢子菌肺炎是一种由单细胞真菌引起的肺炎，有些病人为避免器官移植的排异现象会采用免疫抑制疗法，这时就很可能会遭受肺孢子菌肺炎的袭击。正是这一细节让医生认为这种新型疾病很可能是一种免疫缺陷病（起初被命名为GRID，Gay-Related Immunodeficiency，同性恋相关的免疫缺陷）。

而卡波西肉瘤（KS）在19世纪末被发现，是一种主要发生在地中海地区老年男性身上的罕见皮肤肿瘤，皮肤上会出现酒红色斑块病变，进展非常缓慢。但是在那些年轻的同性恋患者身上，病情却进展非常迅速，肿瘤会出现在身体多处皮肤上，还会入侵肝脏及肺部。[①]之后又发现患者还会得其他传染病，比如念珠菌病和严重的脑感染病，这就很清楚了，这的确是一种免疫系统的疾病，在实验室中观察到的结果就是血液中一种名为CD4的T淋巴细胞不见了。

在最初的几个月里艾滋病（当时还不叫艾滋病）只是一种在男同性恋群体[1]里传播的疾病，这使得男同性恋以外的人群产生了一种不够审慎的安全感，这并不是什么好事。比如有一次有人问时任美国总统罗纳德·里根是否担心艾滋病传染，他回答："我不

---

[1] 医学界为了消除某些带有歧视性含义的词，比如"同性恋"或者"双性恋"，创造了一个新的术语，"Men Who Have Sex with Men"（与男性发生性行为的男性），缩写就是"MSM"。这一术语首先由CDC（Center for Disease Control and Prevention，疾病预防控制中心）官方使用，时至今日在涉及病毒感染的文献中依然使用这种叫法。

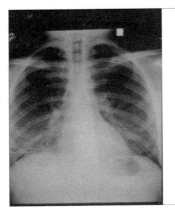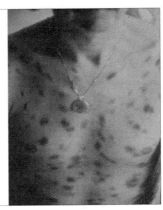

图 5.1
引导医务工作者发现艾滋病的两种临床表现：
肺孢子菌肺炎（左图）以及卡波西肉瘤（右图）

是同性恋，所以我并不担心。"

很快，人们开始发现这种病可不是只在某些特定人群中出现。首批病例是通过输血、使用血液制品治疗血友病、吸毒时滥用注射器而染上艾滋病的，之后出现了由发生异性性行为（男女间的性行为）导致的传染，最后又出现了由怀孕分娩导致的母婴传染。

随着感染这一新型神秘疾病的人数呈几何级数增长，医生注意到患者经常报告说，在艾滋病全面暴发之前，会经历很长一段伴有轻微症状的时间，如发热、身体疲倦、体重下降、腺体增大等。但是当时得出的结论是：这些症状在那些有过"危险行为"的人身上是很常见的。

此时的情形让人觉得病人数目会急剧增加。与此同时，信息传递的问题也暴露了出来，即如何向公众介绍这一疾病：媒体不惜一切代价准备搞个大新闻，而丝毫没有考虑社会文化对同性恋的排斥，同性恋又被人们同性滥交行为联系起来了。

在那悲惨又让人震惊的几个月里，科学家开始疯狂工作，试图找到引发艾滋病的原因。比如，有人认为艾滋病是服用了提高性能力的药品——比如亚硝酸异戊酯——之后产生的副作用，还有人指出艾滋病可能是某种真菌导致的。

事实上，艾滋病由病毒导致，特别是由逆转录病毒导致这一假说很快传播起来，而且一开始就得到了罗伯特·加洛的支持。罗伯特·加洛是美国国家癌症研究所的一名科学家，他在几年前发现了首个人类逆转录病毒——人类嗜 T 淋巴球病毒 1 型，常被称作"人类 T 细胞白血病病毒"。

循着这个方向，在法国巴黎巴斯德研究所工作的年轻研究员弗朗索瓦丝·巴尔－西诺西在 1983 年发现了逆转录病毒所具有的特性的本质，即存在可将 RNA 逆转录合成 DNA 的逆转录酶。她是通过患者身上切除的淋巴结的细胞研究发现的。

几个月后，人们根据这一"新型"病毒的特征[1]——病毒形态以及分子结构——对其进行分类，最终将其命名为 HIV（Human

---

[1] 病毒或逆转录病毒的分类主要是基于病毒形态和其分子结构，通过这些可以弄清楚病毒属于哪个科，哪个亚科或者哪个种。分析病毒的遗传特性会得到更具体的结果，因为这涉及病毒的进化，一方面病毒的遗传变异性很大，基因常常会发生重组或者重配；另一方面病毒也很容易受到环境因素的影响（比如免疫反应和抗病毒药物）。病毒的基因特征能够让我们追踪病毒感染的传播链条，这样可以使我们开发特定的抗病毒药物并发现病毒可能存在的耐药性。要了解病毒和逆转录病毒的特征，需要分析它们的基因序列（我会在后续章节为大家进行详细介绍），并重建由这些基因编码的蛋白质的功能。就 HIV 而言，明确那些能够保证其存活和复制的重要的酶（逆转录酶、蛋白酶，以及整合酶，参见第 3 章）的特征，对于用"理性的"方式制备抑制这些酶活性的药物具有决定性的作用。

Immunodeficiency Virus，人类免疫缺陷病毒）。②

　　发现了病因，那就能组织起有效的预防和公共卫生举措去减少染病的人数。第一个重要的成果就是一种诊断性测试，检测血液中是否存在针对逆转录病毒的抗体，通过这个可以让我们知道一个人是否感染了艾滋病，感染者测试结果即所谓的"艾滋病病毒抗体呈阳性"。

　　罗伯特·加洛的实验室开发了第一款诊断设备，挽救了很多人的生命，特别是减少了输血以及使用血液制品（如前文所述使用血液制品治疗血友病）③导致的传染。

我们都是上天的子民

　　检测设备的出现终于可以让人们知道哪些人感染了艾滋病，但是短时间内找出一种有效的治疗手段是完全不现实的。

　　正如艾滋病研究的先驱之一，美国费城宾夕法尼亚大学的吉姆·霍克西所估计的，找到治疗方法至少需要 10 ~ 15 年。在这期间，艾滋病继续扩散，开始蔓延到欧洲、拉丁美洲，以及印度次大陆，这些地区在之前都从未受到过艾滋病的影响，而撒哈拉以南的非洲是受艾滋病影响最严重的地区，数以十万计的人死于艾滋病。

　　与此同时，越来越多的名人患上了艾滋病——演员洛克·哈德森、皇后乐队主唱弗雷迪·默丘里、芭蕾舞演员鲁道夫·纽瑞耶夫、网球运动员亚瑟·阿什，还有安东尼·珀金斯、布拉德·戴维斯、"魔术师"约翰逊[1]、格雷格·洛加尼斯，等等——这不光是一场医学灾难，也是一场文化灾难，整个社会在这场突如其来的灾难面前也变得越来越分裂。

一方面，人们团结在一起共同抗击这一疾病，想要弄清楚到底发生了什么，对艾滋病病人充满关爱和尊重。在英勇抗击艾滋病的那些年里，建立起了很多相关组织，从民间抗击艾滋病英雄马丁·德莱尼创立的艾滋病宣传组织"告知工程"（Project Inform）到国际艾滋病协会，而在意大利，成立了意大利抗击艾滋病联盟（LILA）、全国抗击艾滋病协会（ANLAIDS）等许多协会。

但是另一方面，也有很多负面的反应，比如对艾滋病的恐惧，对艾滋病患者的歧视。20世纪八九十年代西方的年轻一代享受着前所未有的自由，艾滋病的出现着实惊到了他们。全世界的观众都通过电视荧屏知晓了艾滋病，艾滋病的出现打破了人们长久积累下来的群体性乐观、无忧无虑，以及宽容。突然间，疾病与悲伤渗入人们的血液里，爱变成了悲剧，刚刚获得不久的自由反倒伤害了那些长期为之奋斗的人。

尽管科学还没有弄清楚艾滋病，而且也没有找到治愈的办法，但是对死亡的恐惧使民众孤立和镇压艾滋病病人，人们把性妖魔化并将艾滋病怪罪在性的头上，怀疑与恐慌蔓延的速度远远超过

---

[1]"魔术师"约翰逊确诊艾滋病在当时产生了巨大的影响。在1991年，艾滋病检测的需求量以及关于艾滋病的咨询量都大幅上升，在他公布自己艾滋病病毒抗体呈阳性的消息之后的1年，民众对艾滋病的认知和敏感程度达到了前所未有的水平。iv

了病毒传播的速度。1984 年，哲学家、心理学家乌姆贝托·加利姆贝尔蒂写道："艾滋病病人不仅要和疾病抗争，更可怕的是还要和疾病的恐怖形象抗争，这远比战胜疾病本身更困难。"

在艾滋病患者中有些人是无辜的受害者——母婴传染的新生儿，使用了受污染的血液制品的血友病患者，以及因为输血被传染了的人，还有一些"非无辜受害者"，特别是男同性恋和瘾君子，有一种很错误的道德观认为这些人是自作自受，活该他们染上艾滋病。④

有些人不知羞耻地大喊，称艾滋病是"死变态""婊子""瘾君子"的病，还有些人要剥夺艾滋病患者最基本的人权，要把他们从学校、食堂、医院，甚至墓地里赶走。从这些声音中可以看出，人们对同性恋的不包容、仇视和对异类的恐惧一直都存在。最后，是当局对仇视艾滋病持默许态度，其中较为突出的例子是前面提过的罗纳德·里根，在死亡人数上升到 25 000 时，他才就艾滋病有关的公共卫生危机发表第一次官方评论。

一位伟大的女性

在那段动荡的日子里，我认为有一位女性改变了美国（特别是加利福尼亚州）对艾滋病的态度，她就是伊丽莎白·格拉泽。最初我是通过媒体知道了她的故事，后来在 2007 年举行的全美艾滋病会议上，我见到了伊丽莎白·格拉泽的好朋友苏珊·德·劳伦斯女士，通过与她的交谈，我对伊丽莎白有了更深入的了解。

伊丽莎白·格拉泽出生于 1947 年，她的丈夫是因在 20 世纪 70 年代刑侦电视剧《警界双雄》（*Starsky & Hutch*）中担任主演而闻名的演员兼导演保罗·迈克尔·格拉瑟。这对夫妻生活富足，财务自由，婚姻美满。他们都是开明人士，在加利福尼亚州有一栋漂亮的房子和两个可爱的孩子，爱丽尔和杰克。直到有一天，艾滋病的到来打破了一切。1981 年伊丽莎白在生第一个孩子爱丽尔时，因为接受了输血治疗而感染了艾滋病，而爱丽尔是在母乳喂养期间感染上的，杰克也同样通过母婴传播患上了艾滋病。爱丽尔在 4 岁时首次出现症状并在几年后离开人世，当时根本没有任何治疗手段，多数患者会在患病后几个月去世。她的另一个孩子杰克的情况有所不同，他接受了新疗法的治疗，并且活了下来。尽管已经过去了这么多年，苏珊女士至今还记得伊丽莎白当时的反应，伊丽莎白把她最好的朋友召集到了一起，大家一起在饭店吃了中饭，她向朋友们说了她的想法：她想成立一个基金会，用于帮助儿童艾滋病患者。

杰克的运气比他的姐姐好一些，能够存活足够长的时间，接受新的和更有效的治疗。在笔者写作本书时，他的健康状况非常好。伊丽莎白在世时，花了很多的精力和财力收集信息，组织宣传活动，为基金会筹钱。

伊丽莎白创立的小儿艾滋病基金会至今仍然是抗击艾滋病运动中表现活跃的私人基金会，自 1995 年成立之日起，已经筹集到了上亿美元的善款用来支持艾滋病的研究。今天的社会基本上已经摒弃了对艾滋病患者的偏见，这其中也有这位勇敢的女性所做出的非凡贡献。

难以说永别

从严谨的科学角度看，艾滋病病毒属于逆转录病毒这一事实有重要的理论意义和实践意义。逆转录病毒在进入宿主细胞后会将自己的RNA变成DNA（逆转录），然后将DNA整合到被感染的细胞中（整合）。

因此将艾滋病病毒的DNA从宿主细胞DNA中剥离是极其困难的，艾滋病病毒基因善于伪装，在结构上与宿主细胞的DNA非常难以区分。这也就揭示了为什么时至今日，人们依然很难将逆转录病毒彻底从宿主机体中移除，以及为什么逆转录病毒导致的感染无法彻底被治愈。

还有就是艾滋病病毒之间的差异非常大，它们几乎有无数种基因变化。导致这种巨大差异的原因很简单，四个字：逆转录酶，在逆转录酶的作用下RNA逆转录为DNA，这一过程会经常出现随机错误。就像一台特殊的复印机，每次复印文件都会随机把其中某个字母给改掉，而被改掉的文件又会被这台复印机以相同的方式复印很多很多次，最终经这台复印机复印出的文件之间的差异将呈指数级增长。

当然，凡事都有个限度。事实上HIV的某些基因是不会被改变的，否则病毒就会失去某些功能而死亡。但是不可以被改变的基因部分只占少数（在生物学上称为保守序列），这就使得逆转录病毒在单个病毒的水平上具有相当大的多样性——即便是在同一宿主体内，逆转录病毒个体之间也会存在差异性，可想而知在数量庞大的艾滋病感染者人群中艾滋病病毒的差异会有多大了。

艾滋病病毒会感染并破坏 CD4+T 淋巴细胞（简称 CD4+T 细胞），我们知道，CD4+T 细胞是组成免疫系统的重要细胞，实际上被艾滋病病毒感染的过程就是能工作的 CD4+T 细胞逐渐减少的过程。当免疫系统被彻底压制，很多原本在健康情况下可以轻而易举战胜的感染对机体来说都变成了致命的。

HIV 结构简单，但是具有爆炸般的繁殖效率和非常高的基因突变率，这使得它能够在很短的时间内适应宿主。随着疾病的逐步恶化，逆转录病毒特殊的繁殖机制造就了很多相互之间具有差异性的病毒个体。因此，出现了与原始毒株在遗传上有差异的新毒株，它们在同一宿主体内共存、竞争。在新的变异病毒中，那些免疫逃逸能力更强、繁殖能力也更强的会替代那些能力较弱的。

HIV 突变所带来的好处与坏处是由当时的环境决定的。大多数情况下，突变是有害的，因为这会导致对逆转录病毒整个生命周期都尤为重要的某些基因失活。当环境保持不变时，突变会暂时冻结；当环境开始变化时，比如病人接受治疗，突变又会重启，环境会选择出有利于病毒生存的突变（比如环境会选择使病毒具有耐药性的突变）。有利的突变使得逆转录病毒在生存与繁殖方面具有优势，从而在宿主体内相较于其他种类的病毒在数量上占据主导。

如果从应对逆转录病毒的免疫反应方面考虑，我们很清楚，逆转录病毒在结构上的巨大差异使得抗体和淋巴细胞在对其进行识别时困难重重。

一个有意思的对比就是，我们之前提到过，天花病毒基本上不会突变，所以它一旦被免疫系统识别，就会很容易被免疫系统消灭（事实上，不会有人得两次天花）。这一点也说明了为什么在18世纪就有了天花疫苗，而在生物学和免疫学高度发达的今天，研制出针对艾滋病的疫苗依旧非常困难。

哦，妈妈，我还不想死[1]

目前，在流行病学的帮助下，艾滋病病毒感染和艾滋病的起源问题大部分已经弄清楚了，尽管有些方面还有待进一步的研究。我们知道艾滋病病毒源自某种非洲猴子身上的逆转录病毒，这种逆转录病毒与艾滋病病毒非常相似，而为什么这种病毒会从猴身上转移到人类身上的问题，还需要进一步的研究，很多细节问题也有待解答。两种艾滋病病毒，HIV-1（这种病毒致病性更高、

---

[1] 这句话出自皇后乐队的名曲《波希米亚狂想曲》，这首单曲收录于1975年发行的专辑《歌剧院之夜》。

传染性更高，目前世界上 98% 的艾滋病病人都是感染了这种病毒）和 HIV-2（这种病毒的致病性和传染性没那么高，世界上不到 2% 的艾滋病病人感染了这种病毒，主要集中在西非，包括冈比亚、塞内加尔、科特迪瓦），是源自感染非洲猴的逆转录病毒。

还有一点仍未搞清楚，艾滋病是如何从非洲中部一个与世隔绝的小村庄中一小撮感染者那里迅速传播到美国某些大城市成千上万的同性恋群体的？这很可能与那个时代的性解放浪潮带来的不采取安全措施的性滥交有关，兰迪·希尔茨在他的书中，用了整整一个章节专门对此进行了阐述。

我再花一些时间来详述艾滋病疫情的开端，以及《世纪的哭泣》这部作品中的一段情节。加拿大航空公司的空乘盖尔坦·杜加（1953—1984）是一个性生活非常混乱的人，他在全世界尽其所能地寻欢。杜加最终被冠以艾滋病"零号病人"这一可悲（毫无根据）的称号，研究员巴拉巴西曾写道："1982 年确诊的 248 名艾滋病患者中，至少有 40 名患者和杜加直接发生过性行为，或者与和杜加有过性关系的人发生过性行为。杜加是这张复杂的性关系网的核心……，这张网从美国一个海岸延伸到另一个海岸。"ᵛ

杜加旅行过很多地方（包括法国——欧洲最早出现艾滋病的国家，和非洲——艾滋病从这里传播出去了），他是一名男性同性恋，他的性关系非常混乱，并且出现了艾滋病的症状。上述特征很容易让人得出这样的结论：是他将艾滋病传播到了北美。巴拉巴西研究员用希尔茨讲述的杜加的故事来证明他的理论，杜加就是一个枢纽，是"具有高度连接性、统计学上十分罕见"的人，也就是说杜加是"网络中最重要的一环"。

但是"这个传播致命疾病的性网络"是何种形状呢？如果这个网络纯粹是随机的，即网络中的每个节点都几乎具有相同数量的链接，没有哪个节点的链接数明显更多，那么即便病毒被证明是非常危险的，传播也不会这么广泛，这是为什么呢——大家还记得吗？——我们以前提到过，病毒的毒力与病毒的传播能力并不相关。

人类性行为的网络具有不同的分布特点，这一网络是由彼此联系很少，即链接很少的多数人，与少数互动非常频繁的人（或说枢纽）组成。巴拉巴西还写道："他们是网络的枢纽，正是由于最初接触到艾滋病的人有着广泛的性联系，才导致数百人的感染。"

巴拉巴西的理论很有用，但只能解释艾滋病最初的感染是如何被触发的。

现在，根据对艾滋病病毒系统发生学的研究我们明白，两种艾滋病最初都是在非洲暴发的。

━━━━━━━

艾滋病病毒系统发生学的研究结果可以用一棵树来表达，即系统发生树，系统发生树的结构可以反映出不同毒株的起源、相关性，以及"遗传距离"。

病毒系统发生学的研究对象可以是某个人体内的病毒（或者某一动物体内的病毒，比如猴免疫缺陷病毒，也就是 RNA 中核苷酸序列的差异——SIV），或者是某个群体内的病毒，又或者是不同种灵长类动物身上的病毒。系统发生树从本质上遵从一个经典概念，即进化的方向是从旧到新，所有的改变都源自一个共同的起点。

从原始毒株开始，系统发生树包含所有与原始毒株越来越不同的新毒株，它们都是由基因突变和基因重组产生的。我们在前面介绍过了，逆转录病毒的 RNA 变化迅速，而且变化频率很高，因此会产生数量惊人的基因差异。

在病毒学和流行病学中，对 HIV 和 SIV 基因序列大小差异进行检测，以评估遗传距离，从而评估毒株之间的亲缘关系，是非常基本的也是非常重要的，不仅可以追踪感染的根源，还可以量化病毒变体（也称为亚型）之间的遗传多样性，最后可以帮助分析病毒亚型的地理和时间分布。只有这样才能监测艾滋病病毒的传播，以及制定适当的预防和治疗策略。

系统发生学研究还可以作为法庭上的证据，来证明是否对艾滋病的病毒传播负有责任。英国一项相关研究的研究结果已经被英国法庭接受，这项研究指出，"系统发生学的分析只能说明两个 HIV 样本之间的关系……而不能证明两个人之间存在艾滋病的直接传播"，原因很简单，"艾滋病病毒不同于人体的 DNA 和指纹，并非每个人体内的艾滋病病毒都是独一无二的"。因此，系统发生学研究报告仅可以在法律上用以排除艾滋病传播的责任，而不可以证明是否对艾滋病传播负有责任。

其中一种是最先出现在报纸上面（以及实验室里）的，并且是由 HIV-1 的一种特定亚型"B 亚型"病毒引起的。人们认为是某些去非洲旅行的人在接触到了非洲的感染者之后将其带到了美国，之后便迅速在旧金山、纽约这样的地区蔓延开来。直至今日，西方国家大部分的 HIV-1 感染都是由 B 亚型病毒引起的。

另一种艾滋病，尚处在疫情暴发的初期，同样也源自非洲（尽管后来蔓延到拉丁美洲以及印度）。这种艾滋病其实是很多种艾滋病病毒亚型所导致的一系列疾病的总称。这些亚型均为 HIV-1 的亚型，可以用大写字母来进行区分（例如，A 亚型、C 亚型、E 亚型、F 亚型、G 亚型），或者概括为"非 B 亚型"。

这些 HIV-1 亚型是如何形成的尚不清楚，而且不同的逆转录病毒相互重组也让情况变得更混乱。但是从纯理论的角度出发，更令人担忧的是：或许在某一时刻会产生一种超级病毒，这种病毒会导致一种比传统艾滋病更可怕的疾病。

HIV 抗体呈阳性的人向自己的性伴侣坦白自己的检查结果是一件很困难的事情，通常会产生难以调和的矛盾，多方面因素需要考虑到。"性伴侣通知"这件事不是

只需要感染者[1]通知完伴侣就可以了，还需要相关的医
生和其他公共卫生专业的人员参与其中，介绍可能的感
染情况、如何采取适当的预防措施，以及接下来需要进
行的检查。

时至今日，世界范围内的艾滋病感染者和死亡病例，大多出
现在非洲。艾滋病在非洲主要通过性传播及母婴传播的方式蔓延。
这对撒哈拉以南的非洲的经济及社会发展造成了很严重的破坏。
导致非洲艾滋病蔓延这一悲剧的原因是，在当地的社会公共设施
建设和公共医疗服务不完善，以及大规模政治动荡的环境下，抗
逆转录病毒药物的引进非常缓慢，并且会遭遇一系列的阻碍。⑤

鉴于此，南非医生杰瑞·库瓦迪亚（Jerry Coovadia）和他的
研究团队开始着手研究如何通过减少自然哺乳的方式，控制艾滋
病的传播。针对母乳喂养问题，库瓦迪亚医生决定引入人工奶粉，
并且免费发放给有需要的家庭。但是库瓦迪亚的团队记录的结果
在很多方面都很不乐观，发放奶粉大大减少了艾滋病的传染，但

---

[1] "当你患上这种疾病之后，你就注定孤苦伶仃了。"（洛克·哈德森，1925—1985）在洛克·哈
德森去世后，他的长期男友马克·克里斯蒂安以洛克在明知患有艾滋病的情况下，依然与
其发生非安全性行为向法院提起诉讼，并创纪录地获赔 550 万美元。起初陪审团要求对
克里斯蒂安赔偿 2 200 万美元，但最终被洛杉矶法院驳回，并改判为赔偿 550 万美元。最
初提出的 2 200 万美元赔偿要求是基于身体损失与精神损失的双重赔偿，法院认为由于洛
克·哈德森从未对其坦白过自己的病情，导致克里斯蒂安（检测结果为阴性）遭受了巨大
的精神压力。哈德森去世前几个月一直在巴黎治疗，在一次新闻发布会上，他宣布自己罹
患艾滋病，将不久于人世。他说道："我觉得我已经是个死人了。"多年后，克里斯蒂安在
拉里·金的直播秀中也谈到了他看到哈德森的新闻发布会之后的反应，以及对诉讼结果的
看法："陪审团表达了意见，而且态度非常强硬：'如果您罹患艾滋病，那么您有责任告知您
的性伴侣真实情况。'"

是婴儿的死亡率增加了。原因是什么？原因很简单也很出人意料，在冲泡奶粉时使用了"脏"水，不清洁的水导致很多婴儿患病甚至死亡。

就非洲目前的形势来看，一个似乎能够达成的目标就是让至少90%的感染者以及90%的孕妇得到救治。目前在这方面已经取得了很多进展并且还在持续进行中，但我们万万不可松懈[1]，因为路还很长，而且充满了困难。

杜斯伯格假说

阿尔伯特·爱因斯坦曾说过，对他来说有两个东西是无尽的：一个是宇宙，另一个就是人类的愚蠢。之后他又笑着补充说，对于前者，他并不十分确定。

愚蠢有多种形式，最有害的一种就是尽管某种理论可信度很低，可是由于这种理论能点燃更离奇的幻想，还是会有很多人将其奉为真理。但是只要具有一定的批判精神和恰当的知识工具就可以证伪。

比如有人散布谣言说尼尔·阿姆斯特朗在月球上行走的照片是

---

[1] "作为发达国家，我们的任务就是帮助发展中国家变得更健康，更富裕。如果不能的话，穷人会设法取走他们无法生产的东西；如果他们不能通过出口商品赚钱，他们就会出口人口。简而言之，财富有着不可抗拒的吸引力，贫穷是潜在的巨大污染物，而且贫穷无法隔离，从长远来看，我们的和平与繁荣取决于他人的生存状况与福利待遇。" vi

假的，它是美国宇航局在内华达沙漠的一个秘密站点拍摄的。或者说戴安娜王妃是被英国特勤局杀害的，因为她怀孕了，并且会诞下一名穆斯林王子。盎格鲁－撒克逊人称这些为阴谋论：它们基于这样的假设，在某些通常以简单、合理的方式即可解释的事件背后，总有些大多数人不知道的隐秘的原因，充满了神秘感与含混性。在严谨的医学领域也充斥着阴谋论，疫苗有危害，顺势疗法是无效的，动物实验根本没用（这仅仅是随便举的几个例子）。

艾滋病是阴谋论者最钟爱的话题之一。

他们认为艾滋病病毒是 CIA（美国中央情报局）的秘密实验室制造出来的，目的……目前还不清楚：根据情况的不同，主题有所变化，有时候是要打击非裔美国人，有时是针对同性恋或者吸毒的人……人们只要稍微懂一点病毒学知识就会发现，这个关于艾滋病的谣言有多荒唐，就像野猪能够表演弦乐四重奏一样荒唐。但是因为阴谋论缺乏最微小的客观证据的支持，想要反驳它又不显得教条实在很难，我只能说：要是我们的结构生物学知识已经如此先进，都能通过 RNA 序列造出逆转录病毒来了（我是说现如今，不是说 20 世纪 70 年代），那么人类早就攻克癌症、阿尔茨海默病，以及其他疾病了。

这还不是故事的全部。还有一种所谓的理论，介于阴谋论和疯狂犯罪之间，最开始由德裔美国病毒学家彼得·杜斯伯格提出和传播。[vii] 他声称 HIV 与艾滋病无关，HIV 只是一种过客病毒——存在于病变的组织中，但并非导致这一疾病的元凶——而且性行为不会传播艾滋病，导致艾滋病的真正原因是生活习惯损坏了免疫系统。啊，为了不遗漏任何一点，杜斯伯格还指出了艾滋病疗法的副作用。⑥

相信什么是个人的自由。但是，我认为我有义务让大家知道，相信并且传播那种 HIV 不会引发艾滋病的谣言⑦会导致上千人死亡。艾滋病是可以预防的，也是可以治疗的。只要人们相信 HIV 是患艾滋病的唯一和根本原因。相信驴会飞，相信蜥蜴会在晚上聚集起来抽大麻都不会对任何人造成伤害。但是相信 HIV 不会引发艾滋病——而且更糟的是说服其他人也相信这些鬼话——就意味着双手会沾上无辜者的鲜血。

艾滋病的治疗方法

20 世纪 80 年代人们发现了艾滋病发病的核心机制：病毒感染并杀死 CD4+T 细胞，进而削弱免疫系统，使其不再能够抵御那些原本不会对机体构成伤害的感染（所谓的"机会性感染"）。

观察到 CD4+T 细胞被病毒攻击，是因为该细胞表面的 CD4 分子被 HIV 作为能够渗透进细胞内部的受体。因此人们开始明白"有效的"治疗就是生产某种能够阻断病毒的药物，从而减少 CD4+T 细胞的死亡数量。

于是科研人员开始了与时间的赛跑，1987 年出现了一个意义重大的转折点，这一年第一种治疗艾滋病的药物面世。这种药物名叫齐多夫定，能够降低逆转录病毒逆转录酶的活性。不幸的是在该药物面世几个月后，病毒就产生了耐药性。尽管如此，结果依然鼓舞人心，毕竟墙已经被打开了一个缺口。

很快其他种类的逆转录酶抑制剂（去羟肌苷、拉米夫定等）也相继面世，每种药物都在控制逆转录病毒自我复制方面前进了一小步。这意味着患者的免疫功能得到改善，寿命得到延长，生活质量也得到提高。但是艾滋病治疗领域真正的大进步[1]出现在1995—1996年，一种能够抑制HIV蛋白酶的药物面世了。从此患上艾滋病不再等同于被判死刑，艾滋病变成了一种像糖尿病和类风湿关节炎一样的慢性病。

作为医生，我最开心的时刻就是看到原本要凋零的花朵再次绽放，这一次效果真的很惊人，几个月前HIV阳性的感染者还注定要死于艾滋病，现在得益于新的药物疗法，他们又重新回归生活、娱乐、工作、恋爱。

下面该是我们学习少数种类的西非猴子的时候了，我保证这堂课将会非常难以置信，也会非常令人着迷。

---

[1] 刚开始时抗逆转录病毒疗法（ART）药物的毒性相当大，相较于它短暂的药效，副作用可以说很严重。1996—2000年，科学研究都集中在研究日益有效的治疗方法上，而从2000年开始，在减轻药物的毒性方面取得了令人瞩目的成就，现在可以说抗逆转录病毒药物的副作用已经达到了可接受的程度。但是，我想强调的是，抗逆转录病毒药物有效地降低了患者的传染性。

6

艾滋病病毒从何而来

猎人与黑猩猩的故事

进化就像猜谜游戏

如果有人告诉你只要能回答上来 3 个简单的问题，你就能赢得 1 万欧元，那么我想你一定会回答："好，让我试试吧。"

3 个问题如下：

（1）马拉维的首都是哪里？

（2）歌剧《穆罕默德二世》的作者是谁？

（3）哪支球队赢得了 1962 年的意甲冠军？[1]

恭喜那些没查谷歌、维基百科就能回答对所有问题的朋友。

我们很喜欢用这类游戏来彰显我们人类大脑的高度进化。我们的智慧让我们既有好奇心又非常实际，它驱使我们去设置一些相对很简单的问题，然后找到正确答案，从而获得满足感。这就解释了为什么那些益智杂志、棋类游戏，或者谜题游戏很流行了，也解释了为什么《谁想成为百万富翁》之类的有奖答题节目很受欢迎。

---

[1] 正确答案是：（1）利隆圭和松巴，后者是马拉维的立法首都；（2）乔阿基诺·罗西尼；（3）国际米兰。

　　跟大家强调一个很有意思的点：即使是科学这种逻辑严密又需要理性思维的知识体系其实也是用的这套方法。确实，我们创造出的方程和科学猜想或多或少都相当于在"瞎蒙瞎猜"。但是科学是基于所有有用的数据做出的猜想，这些数据可能不足以帮助我们得到确切的答案，但完全值得一试——正是这一根本区别产生了深远的影响。我举个例子，我问你们哪个说法语的国家人均收入最高，你们一开始应该会在一个有限的范围内寻找答案吧：法国、比利时（比利时分荷兰语区和法语区）、瑞士（法语是瑞士三大官方语言之一）、卢森堡，如果考虑到瓦莱达奥斯塔大区（意大利西北部自治区，当地通行法语），那还可以把意大利也划进来。考虑到瑞士和卢森堡拥有历史悠久的银行业与金融业，那么就会在这两个国家之间做出所谓的有根据的猜测。

　　在科学研究的过程中，后续步骤是提出假设，这相当于在头脑中创造出一种解释，这种解释不仅可以帮助我们了解某种现象的本质，还可以帮助我们理解所有这一类的现象。我们会说这样的解释具有"普适性"，这个词意味着你所提出的解释必须在宇宙的时间维度和空间维度上都适用，至少原则上都适用。

　　假设在提出来之后，我们要保证它是经得起检验的（根据波普尔提出的原则，是可以证伪的）。这样就需要进行严格把控[1]的

---

[1] 所谓的"受控"是指在某种临床实验中，设定一组参与者接受某种刺激，比如服用某种药物，另一组参与者不接受此种刺激，比如服用安慰剂而非药物，从而形成对照。对此类实验感兴趣的人，我建议阅读有关药物测试的内容，网址：http://www.jameslindlibrary.org/research-topics/fair-tests-of-treatments. 在此网站亦可以免费下载三位医学专家合著的《试验治疗》（*Testing Treatments*）。

实验并正确地解释实验结果，来弄清楚之前的假设是正确的还是错误的。有依据的猜测及假设的表述的关键是把所有可能的解释都考虑到（而不仅是考虑那些直接就能得到的解释）。

比如，我们再回到之前那个问题：哪个说法语的国家人均收入最高？正确答案是摩纳哥。你们中有多少人想到过这个答案呢？我想表达的观点就是，科学研究使用的方法与我们解答某个谜题所用到的方法差别不大，都是依赖于数据收集、有助于提出假设的描述性阶段，以及验证假设正确与否的最终测试（即实验阶段）。

知识树

20 世纪 80 年代初期人们发现艾滋病是由一种基因结构未知的逆转录病毒引起的，科学家们很想弄清楚这种神秘的微生物究竟从何而来，又为什么会在那样一个特殊的历史时刻进入人类群体当中。了解清楚艾滋病病毒的起源是至关重要的。因为已经开始有人谣传它是由实验室创造出来的，科学家需要以最快的速度找到具有说服力的答案。那么，艾滋病病毒究竟从何而来？

寻找关于艾滋病病毒起源的合理解释是个漫长而又艰辛的过程，这期间我们进行了很多次的探索。得益于我们能够"阅读"基因序列，所以可以通过"分子系统发生学"来对其进行分类。在将艾滋病病毒的基因组〔基因组是指一个生物体所包含的 DNA（部分病毒是 RNA）里的全部遗传信息〕与上百个逆转录病毒的基因组做了比对之后，人们发现灵长类动物逆转录病毒的分析结果可以用系统发生树〔也称为进化（系统）树〕来表示，这其中就包括了 HIV-1、HIV-2，以及 SIV（猴免疫缺陷病毒）。

对灵长类动物慢病毒的分子系统发生学的分析还远没有完成，但是有很多方面已经明确了。毫无争议的是存在两种类型的 HIV，分别为 HIV-1 和 HIV-2，两者之间存在明显的基因差别。事实上，HIV-1 具有一种被称为"vpu"的基因，而 HIV-2 并不具有这种基因；HIV-2 具有一种被称为"vpx"的基因，而 HIV-1 并不具有这种基因。如我们所知，HIV-1 是人类发现得最早的艾滋病病毒类型，目前世界上 98% 以上的艾滋病病人都是感染了这种病毒。

HIV-2 发现得相对较晚，导致了约 50 万例感染，而且多数分布在几内亚湾附近的西非地区。HIV-2 人传人的能力相对较弱（病毒扩散相对受控），HIV-2 毒性比 HIV-1 低，感染者只有 20% ~ 30% 最终成为艾滋病患者。HIV-2 相对"温和"的原因很复杂，很可能是由于这种源自猴子的病毒在人体细胞中复制和整合时遇到了困难，这个问题我们后面再讨论。

我们再回到 HIV-1，根据分子系统发生学，我们可以确定 HIV-1 至少还分三个组，也许未来还会有更多组。其中一个组是 M 组，来源于英语单词 main，意为"主要的"，几乎所有的 HIV-1 病例都是它导致的（超过99%）；接下来是 O 组（来源于英语单词 other，意为"其他"）以及 N 组（来源于英语"non-M, non-O"，意为"既不属于 M 组，也不属于 O 组"），相对罕见，只出现于非洲中部偏远地区，比如加蓬及喀麦隆。

从致病人数上看 O 组和 N 组不是很重要，但是对于研究 HIV-1 是如何从黑猩猩和大猩猩这类猿的体内进入人类族群是十分有用的。

HIV-1 M 组至少又分十几个亚型，根据拉丁字母表中 A 到 K 的字母顺序依次命名，此外不同的亚型病毒会"重组"成所谓的"重组形式"，某一亚型的基因组片段和另一亚型的基因组片段接合（比如重组病毒 CF 既有 C 亚型病毒的一部分基因组，也有 F 亚型病毒的一部分基因组），使得分类变得更为复杂。

从地理分布的角度来看，HIV-1 亚型在人群中的分布情况很不规律。比如，B 亚型主要分布在北美和西欧，旧金山、纽约，以及洛杉矶的同性恋群体中通过性传播的艾滋病，和瘾君子间因为使用被污染的针头而传播的艾滋病，都属于这种类型。其他一些亚型，比如 A、C、F，以及 G 在非洲很常见，而且是世界范围内主要的艾滋病类型。

从分类学角度来看，每一种 SIV（已经在非洲发现了超过 40

种 SIV）名字后面都会有小写字母做后缀，以表示这一病毒来源于哪种灵长类动物，比如 "cpz" 表示 Chimpanzee（黑猩猩），"sm"表示 Sooty Mangabey（白枕白眉猴），"mnd" 表示 Mandrill（山魈），等等[①]（图 6.1）。

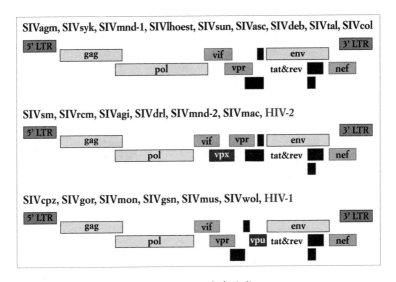

图 6.1　SIV 病毒分类

这样就出现了第一种关于艾滋病病毒起源的推测，由英国诺丁汉大学的保罗·夏普和美国亚拉巴马大学伯明翰分校的碧翠丝·汉恩提出，现在这种推测几乎已被整个科学界接受。这些研究者认为 HIV-1 源自一种名为 SIVcpz 的猴免疫缺陷病毒，这种病毒 "自然地"感染了非洲大陆的黑猩猩，并且曾经三次跨物种地从黑猩猩传染给人类，从而形成了 HIV-1 M 组、HIV-1 N 组、HIV-1 O 组病毒。

近期，还有研究团队提出 HIV-1 O 组病毒很可能是以大猩猩

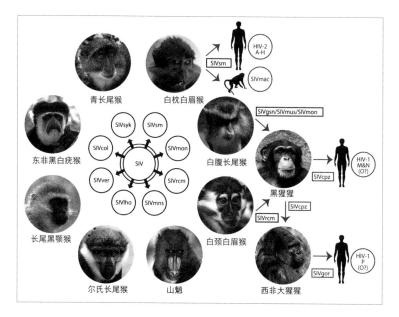

图 6.2　SIV 病毒及其相对应的猴类

为中间宿主，从黑猩猩传染给人类，因为这些大猩猩所感染的一种名为 SIVgor 的病毒，其基因序列与 HIV-1 O 组和 SIVcpz 的基因序列有密切联系。而 HIV-2 源自白枕白眉猴的 SIVsm，也分为多组。（图 6.2）

某天，突然……

HIV-1 和 HIV-2 是如何从猴子传染给人类这一问题一直是科研的常见课题，但目前还没有得出确定性的结论。从病毒学问世的时候起，我们就知道病毒可以由一种物种传染给另一种物种，那么，HIV 能从猴子传给人类也不足为奇。

能进行"跨物种"传播的病毒的例子包括多种流感病毒（通常可根据其基因组的部分来源对其定义，如"禽流感""猪流感"等）、狂犬病毒、汉坦病毒，以及丝状病毒等，除此之外还有很多。我们很想知道病毒从一个物种传给另一个物种这一过程是如何让免疫系统出现危机，陷入进退两难的境地的，"到底是消灭病毒还是与病毒共存呢？"

如今我们都知道答案了：在某些情况下"与病毒共存"会导致严重的感染，因为病毒不再受到免疫系统的控制，因此宿主输掉了这场与病毒的战争。或者相反，病毒引发了宿主体内免疫系统激烈的反击，那么会出现由于"自己人朝自己人开火"而导致的死亡。

在其他情况下，病毒跨物种传播只会引发轻度感染，这通常是因为病毒没法在新的宿主细胞内正常进行复制。因此，某个时刻 SIV 从猴子传给人并且变成 HIV-1 和 HIV-2 其实很正常，没什么值得大惊小怪的。但是有一件事情很奇怪，人类与黑猩猩、大猩猩、猴子已经在同一栖息地生活了上千年，为什么在最近几十年这种病毒才传播给了人类呢？②

主流观点认为病毒跨物种传播至少是在三种情形下完成的，是人类为了获得食物而大肆捕杀大猩猩和其他灵长类动物（丛林肉贸易）所导致的结果。

大家可以想象这样一个画面，几个猎人杀死了一只黑猩猩，黑猩猩的血液或者其他体液接触到猎人皮肤的开放性伤口，这样一来，即便伤口很小也会造成感染。此外也不排除其他可能，比如暴力和性接触导致的感染。然而，分子系统发生学的分析清楚地表明，从SIVcpz这种猴免疫缺陷病毒到HIV-1的转变并不常见，因为所有在人类群体中传播的HIV-1都可追溯到黑猩猩种群中发现的少量的SIVcpz。

接下来说说两种假设：要么人与黑猩猩之间的这种危险传播非常罕见，要么非常频繁，但是只有少数时候涉及能够在人体细胞中完成复制的SIVcpz变体。在培养皿中用淋巴细胞培养各种亚型的SIVcpz的实验说明，很有可能第二种假设才是对的：病毒从黑猩猩到人的这种生物学"跳跃"可不是只跳了一小步，而是完成了一个致命的三级跳，这个致命的三级跳需要一定程度的相互适应才能完成。

动物实验到底对不对？

最近人们在喀麦隆一些猎人的血液里检测到另外一种属于非洲灵长类动物的逆转录病毒，这间接确认了SIV是通过打猎和丛林肉贸易从黑猩猩传给人类的。

未来不能排除会有其他种类的逆转录病毒通过丛林肉贸易从猴子传给人类，在人类群体中引发传染病大暴发并造成巨大损伤。由于这一原因，很多地区都呼吁禁止捕杀、屠宰猴子。

我希望从这一公共卫生预防措施开始，将讨论进一步扩大到人类与动物之间的其他相互作用上来，我知道，这是一个颇具争议的议题。

在我的职业生涯里，不可避免地会陷入与动物实验相关的道德窘境，而当实验对象是大型猿类时，就越发令人不安了。[1]大猩猩、黑猩猩与人类不同，它们不具有象征性抽象能力，也不具备归纳总结能力，它们所谓的逻辑活动甚至连"文明"的最低要求都达不到。但是它们在遗传信息方面和人类惊人地相似（相似度达 98%~99%），它们拥有高度进化的行为，包括原始的语言形式，能够使用简单工具，它们具有和我们人类原始部落时期很相似的家庭社会结构。那么，我们该怎么做呢?

我相信每一位科研人员都可以用不同的方式来做出自己的贡献。作为科学家，可以设计完美无缺的实验，实操时保证不出纰漏;作为论文评审和财务审计，可以拒绝通过对人类毫无应用价值的课题研究;作为研究人员，可以尊重并善待动物。这样，我们就可以减少不必要的痛苦与牺牲。尽管我们已经做了很多，但还是有很多方面需要我们继续努力。

同时，我认为该立法禁止在马戏团和动物园圈养猿类动物。然而，我并不是在宣扬极端主张，例如反对用"动物"这个词来称呼灵长类动物（这是一种虚伪的"语言政治正确"），我也不认为

---

[1] 2010 年 5 月，欧盟理事会向欧洲议会提交了一项立法建议，禁止使用大猩猩、黑猩猩、红毛猩猩等大型灵长类动物进行实验，除非实验关乎该物种的存亡绝续或者人类出现不可预料的致命性或衰竭性疾病。

将不可侵犯的人权赋予我们在进化上的"表亲"是有意义的。这些观点代表了一种逻辑上的飞跃，风险有点大。

　　智人应该尊重黑猩猩与大猩猩的观点，并不是让我们以对待人类的方式对待它们。无论如何，它们在很多方面都异于我们。我们并没有带着任何优越感说出这句话，因为就像大猩猩不会静物写生一样，黑猩猩也不可能建造毒气室。

是帝国主义的原因？

　　研究人员在对以前的血样进行艾滋病病毒检测时，发现1959年和1960年的两份冷冻血样中含有艾滋病病毒，这是能追溯到的人类第一批HIV感染病例，这两份血样来自非洲刚果民主共和国首都金沙萨地区。

　　分子系统发生学研究能够帮助我们计算出大约在1931年艾滋病就已经开始传播，而根据另一研究的结果，也可能在1880—1924年就有了艾滋病病例。这一推测与在"Maafa"[1]时期非洲并未出现艾滋病病例的现象相符，表明非洲在殖民末期和后殖民时期的城市化很可能对艾滋病的发展起到了关键作用——不仅是因为那个时期人们的性行为习惯改变了，卖淫和性滥交变

---

[1] Maafa，在斯瓦希里语中意为"大悲剧"或"大灾难"，指几个世纪以来非洲人民由于被驱逐、奴役、殖民遭受了巨大的苦难，被施以野蛮暴行，受到了系统性的剥削。

得相当普遍，也因为交通运输（公路、火车、飞机）的便利使传染病蔓延到了令人难以想象的程度。③

目前还存在一种尚未得到证实的可能性，那就是艾滋病病毒在撒哈拉以南的非洲扩散开，至少有一部分是由于公共卫生医疗措施的引入。比如大规模的疫苗接种和静脉治疗，本来这对这些国家的人来说是件好事，但是他们却循环使用被病毒污染的针头和注射器，而不是使用一次性注射器，因为对他们来说使用一次性注射器的成本太高了。

━━━━━

这时我们会不由得问自己，像艾滋病这种可怕的传染病是不是我们人类"反自然"的代价呢？即使没有强迫，我们也毕竟把不属于本土文明的文化、科技，甚至公共医疗强加给了那些还没准备好的本土人群。是不是由于西方文明模式的推广才导致了这些问题的出现？事实上，我觉得虽然很多问题都可以归咎于所谓的"西方文明"，但艾滋病不可以。我不同意"艾滋病的问题都应该怪罪到西方文明的头上"这样的观点，因为艾滋病之所以在非洲肆虐，恰恰是由于非洲国家还不够现代化，无法采取有效的医疗和公共卫生措施来应对这一突发的新型医疗事件。目前所有专家都认为发展中国家有效抵御艾滋病的办法是反腐败、发展经济、普及教育，以及改善基础设施。

除丛林肉贸易和狩猎野生黑猩猩等灵长类动物导致了艾滋病这一理论之外，还有一种理论认为接种脊髓灰质炎疫苗间接导致了艾滋病。年龄稍长的读者应该会记得脊髓灰质炎这种疾病，这是一种由"小个子"病毒导致的疾病，我们称这种病毒为脊髓灰质炎病毒，患者多为儿童，表现为轻重不等的瘫痪。但是随着疫苗的问世，脊髓灰质炎几乎已经被消灭，仅存在于人们的记忆中了。这要归功于能够阻断病毒感染引起的神经系统并发症的疫苗。

在《河流》(The River)这本书里，记者爱德华·胡珀提出了一种关于 HIV-1 来源的假说，他认为 HIV-1 来自一种名为"Chat"的口服脊髓灰质炎疫苗实验，该种疫苗在 20 世纪 50 年代末被分发给了刚果、卢旺达，以及布隆迪的 100 万人。他认为黑猩猩的肾脏细胞曾经用来培育这一疫苗，而实验员并不知道这些用于培育疫苗的细胞中有很多已经感染了 SIVcpz。

胡珀的理论很像是指控被告曾经在案发时出现在了案发地，但是又没有强有力的证据支持他提出的推断。比如，从分子系统发生学的角度来说，他怀疑的那些黑猩猩肾脏细胞所携带的 SIVcpz 毒株与 HIV-1 并没有关联，另外口服 HIV-1 是不会感染艾滋病的。

在接下来对保存在美国费城维斯塔研究所实验室的"Chat"疫苗样本做 SIVcpz 检测的过程中，并未发现该病毒的痕迹（当然也没发现 HIV-1）。为了确凿证明疫苗与 HIV-1 无关，还检测了"Chat"疫苗最早期的样品，结果显示该种疫苗研制时根本没用黑猩猩的细胞，而是使用了猕猴的细胞。

　　总之，实在是很难找到能够支持胡珀提出的假说的证据，而承认自己观点是错误的也需要极大的勇气与诚实。不幸的是，就像杜斯伯格和他在论文里声称 HIV 并不是导致艾滋病的真正原因一样，承认自己的错误对脆弱而又不够自信的人来说是一件非常困难的事情，他们更愿意幻想自己才是掌握真理的人，而且除自己之外全世界的人都出于某些不可告人的目的在反对自己。

在大象的背上

　　很多年前，哲学家伯特兰·罗素刚刚结束了一场关于世界起源和对万物认识的演讲，这时礼堂后排的一位老太太打断了他："尊敬的先生，您刚才在胡说八道，宇宙是大象用背支撑起来的。"罗素反问道："那什么支撑着大象呢？"老太太毫不犹豫地回答："大象站在一只大乌龟的壳上。"这时罗素继续问："那什么支撑着这只乌龟呢？"老太太高喊："是另一只乌龟，就是一只又一只的乌龟啊！"

　　理论物理或是生物学很难解释清楚万物的起源。同样，关于"为什么大爆炸同时创造了物质与反物质"这一问题，一直没有得到让人信服的回答。感谢天空（或者说感谢那只乌龟），病毒学家的任务是探寻病毒从何而来。

　　就 HIV-1 而言，答案是源自 SIVcpz。很好。那么，SIVcpz 又从何而来呢？得益于分子系统发生学的分析结果，我们也能找到关于其起源的答案。SIVcpz 由两种不同病毒的两个部分组成，因为两组 SIV（SIVrcm 和 SIVgsn）的重组事件二者相互融合，它们分别感染白枕白眉猴和大白鼻长尾猴（一种鼻子为白色的长尾猴）。

如果我们想象 SIVrcm 的遗传信息是条红绳子，而 SIVgsn 是条绿绳子，那么 SIVcpz 就是一条一半红一半绿的绳子。为了了解清楚这种组合发生的原因，我们就需要进入奇幻的"病毒的两性"世界。

时间对我们有利

HIV 和 SIV 这两种病毒，在其病毒体内各携带有一对由 RNA 组成的遗传物质。这并不奇怪。它们的情况与我们在人体中发现的情况相同（人体中发现的成对出现的染色体称为"同源染色体"，染色体一组来自父亲，一组来自母亲）。

基因成对出现有两大好处。也正因为这样，进化在大多数情况下会选择这种模式。第一个好处是如果一对基因中的一个有缺陷，那么另一个仍可以继续维持功能。有人会反问那为什么是两个，而不是三个四个，或者干脆十个呢？

两个基因一定会比十个基因占据的空间小，而且两个基因的表达是最好控制的。更重要的是，两性繁殖的生物，构成一对的最小数字就是二。如果这样进化：不是双亲把基因传给后代，而是三亲把基因传给后代（这里可能需要一些想象力，因为已经超越了父母，雌性和雄性这一传统认知了），这样每个生物的每个基因都会有三个基因副本。

第二个好处就是每一代的 DNA（或者 RNA，HIV 的遗传物质是 RNA）都可以混合。大自然喜欢洗牌。从进化的角度来看，对某一物种来说，增加基因的差异性是很必要的，这样如果某些有害因素冲击整个物种，仍然会有个体存活下来。

再说回病毒，病毒不需要"性"。病毒不懂得为异性唱求爱小夜曲④，也不懂得邀请异性吃烛光晚餐。性的欢愉是生殖繁衍的副产品，病毒连性器官都没有，那么自然不会享受这一欢愉，病毒也没有会交融在一起的精子细胞、卵子细胞。由于病毒的结构极其简单，病毒交换 RNA 片段的过程都不会是"无毒的"。

比如 SIVcpz 这种病毒，关于这种病毒是如何形成的更正确的假设就是在某一时刻一只黑猩猩感染了 SIVgsn 和 SIVrcm，并且发生了一个小概率事件，两种病毒在同一个细胞内相遇了，由此产生了新的重组病毒 SIVcpz。

知道上述两种病毒的结合是必然事件还是随机事件是很有用的。换言之，到底是只有上述这两种病毒可以在黑猩猩体内结合，还是有很多种病毒都可以发生结合，但是只有它们恰好结合起来了？这就像超市要选出第 100 万位幸运顾客一样，这是个独立事件，因为之前并没有人成为过第 100 万位幸运顾客。目前关于这个谜题，我们还没有得到答案，但要是有人在未来几年解开了这一谜题，我也不会感到惊讶。

我们已经来到了本章的结尾部分，我可以想象到罗素摆脱了那位固执的老太太，跑过来拉住我的衣服对我说："我同意你的观点，HIV-1 源自 SIVcpz，而 SIVcpz 源自 SIVgsn 与 SIVrcm 的结合。非常好，那你告诉我 SIVgsn、SIVrcm，以及所有的 SIV 又是从何而来的呢……既然说到这儿，所有的逆转录病毒又是从何而来的呢？"

目前为止，我已经提到了很多关于病毒起源的假说，以及逆转录病毒与哺乳动物（包括人类）的基因组的联系，即哺乳动物的 DNA 中有 8% ~ 10% 源自逆转录病毒。接下来，我会试着回答罗素的提问。特别是向大家介绍大约在 5 000 万年前，逆转录病毒入侵我们祖先的基因组，对胎盘的进化起到了至关重要的作用，这些古老的内源性逆转录病毒以 RNA 和蛋白质形式来表达自己。除此之外，还有一个对艾滋病研究同样重要的问题有待解决。事实上，应该说这是一个生死攸关的问题：HIV-1 是公认的冷血的杀手，那为什么它的祖先，各种类型的 SIV，在非洲猴子体内就不会引起任何问题呢？

7

肉搏

当治疗比病痛更可怕

最初偏离真理毫厘，到头来就会谬之千里。

——亚里士多德

究竟是正确翻译还是曲解原意

在从一种语言翻译到另外一种语言的过程中，有些词很好翻译，因为这些词完美地对应着所要直接或间接描述的具体事物或形象。我可以想到"肉"或者"水"这些词。另外，还存在很多概念没法用别的语言表达。比如意大利语中的"sfigato"，这个词包含了"运气不好""没能力""没朋友也没女朋友"这三个口语中经常表达的意思，该怎么把这个单词翻译成西班牙语、德语，或者法语呢？真的很不好翻译，但是全世界又都存在可以用"sfigato"来形容的人。

在意第绪语[1]的古老传统中，甚至有两个词对应着"sfigato"："schlemiel"和"schlimazel"。"schlemiel"是指那种很笨拙、很鲁莽，容易给周围的人惹麻烦的人。"schlemiel"每次只要一活动就会惹麻烦，没人知道什么时候他又要开始折腾了，也没人知道什么时候他能消停下来。

而"schlimazel"是指那种很可怜很被动的"sfigato"，他们

---

[1] 最初是用希伯来语字母记录的中世纪日耳曼语，与现代德语同源。——编者注

总是能遇到倒霉事儿，似乎他们天生有吸引倒霉事儿的超能力。我举一个典型的例子，有一天一位先生（schlemiel）去餐厅吃饭，他点了一份汤，然后用餐盘端着准备找位子坐下，一不留神踩到了香蕉皮滑倒了，把滚烫的汤打翻在旁边的一位顾客（schlimazel）身上，不但把人家的衣服弄脏了，还把人家给烫着了。

再比如古希腊语中的"hybris"，在希伯来语里变成了"chutzpab"，这个词融合了"傲慢""夸大""不实际"这些意思，伴随的结局往往都是被真相（或者命运）惩罚。

艾滋病很可能就是当病毒入侵组织器官时，免疫系统的态度很"hybris"或者"chutzpab"所导致的结果。是什么让我们想到这一点的呢？正是对那些感染了非洲猴子的与艾滋病病毒高度相似的病毒的研究。

生物多样性的后果

在非洲有 40 多种猴子会在野外环境下感染与艾滋病病毒相似的病毒，即 SIV，这个发现改变了我们认识艾滋病的方式。也许没人料想到病毒在这些猴子体内的感染是很温和的，并且这些猴子在被感染的情况下依旧能够正常生活。[1]

如果感染了 SIV 之后出现的结果和人类感染了 HIV 一样，即猴子也会死于艾滋病，那么投入这么多精力和金钱去研究所谓的动物模型就没道理了。而从科学的角度来看，人类感染 HIV 与猴子感染 SIV 之间的差别具有重要的意义。它有助于我们搞清楚为什么 HIV 会导致人类患上艾滋病，而生存在野外环境下的猴子却可以与这些跟 HIV 高度相似的病毒共存。

实事求是地讲，由于存在某些逻辑性和基础性的问题，我们只能够深入研究某几种非洲猴子，比如白枕白眉猴②、绿猴，以及加蓬山魈。尽管弄清楚其他种类的猴子感染了病毒之后会发生什么也很重要：这其中就包括很多亚洲猴子，比如猕猴，它们在野外环境下从来不会感染 SIV，但是在实验室中接种了病毒之后，它们所表现出的对病毒的反应很激烈。在这种情况下猕猴身上发展出了一种名为猴艾滋病的疾病（simian AIDS 或者 SAIDS），因此被用作研究人类感染 HIV 之后发病机理的猕猴模型。

南美洲（也被称为"新世界"）的猴子也表现出了另外一种明显有别于非洲的猴子的特征，它们不但在野外环境不会感染 SIV，而且还能抵御实验性的病毒传染。[1]换句话说就是，将病毒注射到它们的血液中也不会导致传染。

与其他病毒类致病因子一样，对灵长类慢病毒属的病毒来说，它们的感染能力和致病能力可以表现为一组同心圆。在圆心处，是高度适应病毒的物种，尽管病毒不断在其体内进行自我复制，但是感染的临床表现很温和；接下来外面的一圈是与处在圆心的物种"近似的"物种，病毒会进入其体内进行自我复制，而且多数

---

[1] 这些猴子天生对 SIV（以及 HIV）的感染有免疫，是因为所有逆转录病毒科的 SIV 都无法利用其新陈代谢器官进行自我复制（就像 SIV 也没法在老鼠、猫，或者兔子身上完成自我复制一样）。

情况下会体现出更强的致病性，特别是当宿主免疫系统做出相当激烈的反应时。

病毒复制水平与人类感染 HIV（以及猕猴感染 SIV）的严重程度有直接关系，但这一点对病毒的自然宿主非洲猴子来说并不成立。

继续向外扩展，在同心圆的最后一环上，我们发现病毒没办法在这里的物种体内完成自我复制，因为它们的细胞结构与病毒的自然宿主的细胞结构相差太大，以至于阻止了病毒的自我复制。总之，如果病毒的新宿主与其自然宿主只有一点点区别，对新宿主来说那将是灭顶之灾；如果新的宿主与自然宿主差别很大，那反倒什么也不会发生。

牛顿，原谅我

当科学界接受了 SIV 在其自然宿主体内所引发的感染是慢性且无害的这一观点之后，所有人开始问为什么。于是有人提出了一种名为"超级免疫力"的理论，这一理论认为在进化的过程中，猴子的免疫系统具备了某种能够抑制病毒的办法。我们可以采取相应的方法来验证这一理论的正确性，即根据"超级免疫力"这一理论做出对应的明确的预测，然后再对其进行证伪。我们预测：

在具有"超级免疫力"这一特殊情况下，病毒的自我复制水平会很低甚至不复制，自然宿主的免疫反应要比感染了 HIV 的人激烈、有效得多。

通常人类提出的第一种理论或者假说都是错误的，这一假说也不例外。在白枕白眉猴、绿猴，以及山魈的血液中检测到的病毒数量并不比那些艾滋病患者体内检测到的 HIV 数量少，这一发现对"超级免疫力"理论形成致命打击。它足以说明两点。

第一点，这些猴子血液中的病毒数量是如此之多，以至于根本没法支持它们进化出了可以抑制住 SIV 的免疫系统这一观点。第二点，这一点更根本地反映出了"超级免疫力"理论的错误，那就是就艾滋病而言，病情的严重程度与体内病毒数量有关，但是这一点对非洲猴子来说不成立（图 7.1）。

换句话说，很有可能艾滋病患者血液中数量巨大的 HIV（副本数）并不是导致艾滋病的真正原因，而只是罹患艾滋病后表现出来的一个特征，也就是说它是个由其他变量所决定的变量。正是这个"其他变量"，导致了艾滋病和高含量的 HIV，但它具体是什么，我们还不得而知。

巴黎巴斯德研究所的丽萨·查克拉博蒂（Lisa Chakrabarti）长期致力于研究 SIV，她是第一位了解到白枕白眉猴体内高含量的病毒与致病性之间的关系的研究者（由于白枕白眉猴是 SIVsm 自然宿主，病毒只会导致无症状感染，但感染猕猴后则会导致其患上一种类似于人类艾滋病的猴艾滋病）。我清楚记得我们在 20 世纪 90 年代有过交流，当时我们还都是年轻的研究员，大家都在努

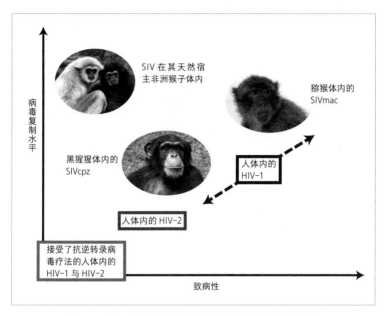

图 7.1　猴子体内的病毒复制水平与致病性的关系

力尝试弄清楚得到的实验结果的真正含义，并竭力找到关于白枕白眉猴的实验结果与人类相应数据的相关性。

　　在猴子体内病毒非但没有被杀死，反而还进行了充分的自我复制，当这一共识建立起来以后，大家对观察到的第二个现象就不会感到惊讶了，即白枕白眉猴的免疫系统针对 SIV 所做出的免疫反应甚至比艾滋病患者的免疫系统针对 HIV 所做出的免疫反应还要弱一些。

　　亚特兰大埃默里大学的辛迪·德登（Cindy Derdeyn）也证实，白枕白眉猴体内能够中和 SIV 的抗体的水平很低，2006 年我实验室的博士生里克·邓纳姆也证实：白枕白眉猴体内的免疫反应是很微弱的，甚至是在细胞毒性 T 细胞的层面上。对于这一科学发现，里克以他惯有的讽刺腔调说道，这是他这辈子得到的最显而易见的实验结果。③

　　尽管有了诸多的发现，但还是有很多该领域的权威拒绝承认这些实验结果。他们依旧只相信他们预设的理论，依旧用简单的善恶二元论去看待问题，固执地认为免疫反应就是好的，病毒就是不好的，因此对于被病毒感染而不患病这一现象，他们认为唯一的解释就是免疫系统把病毒击倒[1]了。

　　直到后来全球越来越多的独立研究组织发表了他们的研究结果，彻底否定了"超级免疫力"理论，科学界才接受了新的模型。我向你保证，这真是个异常艰难的过程。④

敌人并不一定就是坏人

　　在这里，为了解释清楚为什么绿猴和白枕白眉猴感染了 SIV 却不发病，需要提出一个新的模型。这次我们把注意力放在一个叫作"无害病毒"的新概念上。

　　我尽可能使用专业术语进行解释，根据这一概念，相比于 HIV，SIV 导致细胞病变的能力并不强，即破坏和杀死病毒宿主细胞的能力并不强。我们可以回想在本书的开篇部分我做的那个关

---

[1] 原文为 KO，是拳击格斗术语，源自英语 knock out，意为击倒。——译者注

于战争的类比，我们可以说，非洲猴子通过自身免疫反应控制病毒的假说就相当于在战争中消灭了敌军的彻底胜利。换言之，如果病毒使细胞病变的能力并不强，它们就相当于一支没有武器装备的军队，构不成什么威胁。

我们是如何得到该病毒导致细胞病变的能力并不强这一结论的呢？传统的办法就是用 HIV 或者 SIV 去感染体外的细胞，然后观察它们在被感染之后会与病毒共存多久。⑤

在实验中我们发现 SIV 摧毁白枕白眉猴和绿猴细胞的能力与我们已知的 HIV-1 杀死人体 CD4+T 细胞的能力不相上下。那么可不可以认为这一结论推翻了"无害病毒"这一假说呢？事实上，那些反对体外细胞感染实验结果的人认为还需要给出病毒在体内导致细胞病变能力的实验结果，这也是意料之中的事。

为了回应质疑与反对的声音，洛斯阿拉莫斯实验室的艾伦·佩雷尔森（Alan Perelson）团队于 1995 年提出了一个实验模型。艾伦·佩雷尔森与我一样都是研究 SIV 的，我们的工作就是重复在猴子身上做实验。

━━━

艾伦·佩雷尔森的模型很复杂。简言之，模型的中心思想就是 HIV（或者 SIV）在被其感染的细胞中的整个生命周期由两个截然不同的阶段组成，即逆转录病毒的 DNA 整合入宿主细胞基因组之前和之后。第一个阶段称为"前整合"阶段，在这一阶段会被抑制逆转录酶的药物几乎完全抑制住（没有逆转录酶的话，病毒的 RNA 无法变成 DNA，因此也无法完成整合）。

第二个阶段称为"后整合"阶段，无论是否使用抑制性药物，第二阶段都会进行。换言之，在每个未经抗逆转录病毒药物治疗的患者体内（或者在每只患病猴子体内），始终都有被病毒感染的细胞，有些是复制的第一个阶段，而有些已经完成整合的病毒正经历其生命周期的第二个阶段。最后，在经历了大概一天半的时间之后，新产生的"子病毒"离开宿主细胞，这些宿主细胞即将面对的无疑是死亡。

简而言之，要解开"病毒在体内无害"这一谜题，有必要仔细检查在患者体内（或患病猴子体内）病毒所经历的两个阶段。在第一阶段，并不会用药（病毒复制不受干扰地进行）。第一阶段到第二阶段过渡的过程中开始用药。用药之后就只有第二阶段依然在进行。我们用药的时机恰好选在从第一阶段向第二阶段过渡的契机。因此，实验内容就变得更容易理解了。

想象一下，患者体内（或者患病猴子体内）有 100万个处在第二阶段被感染的细胞。只要没有药物的介入，这个数字就会随着时间的推移而保持不变。现在，由于开始用药，逆转录遭到阻断，不再有新细胞从一个阶段过渡到另一个阶段。在这种实验情况下，那 100 万个处在第二阶段被感染的细胞则完全负责生产新的病毒，我们以每立方厘米血浆中病毒拷贝数来衡量。这些能够产生病毒的细胞的平均寿命可以通过每天测量患者（或者患病猴子）血浆中病毒的数量来计算并得出。

我通过数字来举例子可能会更清楚一点。假设在治疗前，患者体内有100万个HIV副本。一天后变成50万，两天后变成25万，这样就很容易计算出被病毒感染的细胞的平均寿命大约是24小时。

简而言之，我们可以通过可重复的方式确定，感染了艾滋病病毒的患者和感染SIV的猴子体内被感染细胞的平均寿命是相同的，大约都是一天。因此可以证明，该病毒不仅能够杀死感染了艾滋病的患者体内的细胞，也能够杀死无症状感染者体内的细胞，那么"无害病毒"理论就可以摒弃了。⑥当确定绿猴和白枕白眉猴体内的SIV并不是被某种超级免疫力控制住了，也不是因为这些SIV属于无害病毒，那么我们就需要搞清楚究竟是什么原因使这些病毒在这些非洲猴子体内表现得这么仁慈。对这一现象的研究及推测同时出现在了研究猴子的实验室（包括我自己的实验室）和研究人类艾滋病的研究中心，这可不太寻常。

为什么人体内的HIV会引起艾滋病，而白枕白眉猴体内与HIV很相似的SIV却不会引起任何疾病？（图7.2）

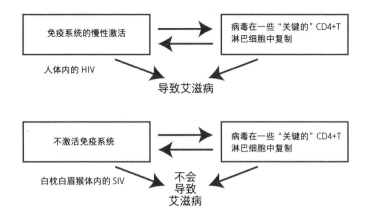

图 7.2　为什么人感染 HIV 会患病，猴感染 SIV 却不会

敌人那一套

　　大概在 20 世纪 90 年代末期，多位科研人员发现，在感染了 HIV 的患者体内有两种很明显的现象似乎可以提示感染的有害趋势：患者血液中的病毒大量复制和免疫系统高度激活。那么什么是高度激活的免疫系统呢？

　　我们知道免疫系统由很多细胞组成（T 淋巴细胞、B 淋巴细胞、先天免疫系统细胞等）。在一个健康的正常人体内，大部分免疫细胞都处在没有激活的状态（英语用单词 resting 来表示这种状态，即这些细胞"都处在休眠的状态"）。要验证这种状况，只需要从血液中提取一些细胞，然后观察它们是否能够产生某些与免疫系统激活相关的分子。

　　事实上，不管绿猴和白枕白眉猴是否感染 SIV，它们体内活跃的免疫细胞数量都很低。而人类却不会这样：在感染了 HIV 的人体内，活跃的免疫细胞数量是很高的（免疫细胞被激活得越多，预后越差）。

就这一点，人们开始意识到衰弱的免疫反应实际上帮助了非洲猴子免于罹患艾滋病。这对我们以往对病毒与免疫系统之间关系的认识而言无异于一场小小的哥白尼式革命。

大家是否还记得善恶二元论，那种非黑即白的判断逻辑？病毒会杀死宿主，那病毒就是坏的，而免疫系统是好的，因为它能对抗坏的病毒。如果病毒本身不好也不坏那该怎么办呢？只有当免疫反应能够又快又彻底地消灭病毒时它才会是好的，但如果免疫反应虽然积极对抗敌人，却始终无法消灭敌人，同时又对身体造成很大损伤呢？是不是可以说免疫反应是坏的？

相信大家已经想到了，上述关于免疫反应的悖论的核心就在于 HIV（SIV）利用了宿主的免疫反应（因为这样病毒就可以在处于活跃状态的 CD4+T 细胞中复制），因此每次免疫系统发动针对 HIV 的战争，实际上都是在帮助 HIV 进行复制。

针对 HIV 的免疫反应确确实实是一把双刃剑，这一事实也给人们带来了一些有趣的启发。例如，在一些特定情况下，抗逆转录病毒药物与抑制免疫反应的药物搭配使用对治疗 HIV 感染来说效果会更好。

我知道这一说法很难理解，因为它与我们的直觉刚好是相反的：HIV 会削弱人体的免疫系统，而治疗办法却是继续削弱免疫系统。正如我一直竭力为大家解释的，如果一个系统过于活跃，那

么结果往往是耗尽自身。就比如一名外科医生，他要是老是睡眠
不足透支身体，那么总有一天会出现医疗事故的。⑦

　　免疫调节疗法可以让免疫系统沉寂下来，从而减少被病毒感
染的细胞的数量。目前使用的抗逆转录病毒疗法也很有效，但是
没办法彻底消灭病毒：在接受抗逆转录病毒药物治疗的患者体内，
HIV 的复制受到阻止，但是仍然存在一定程度的免疫激活，并且
似乎会增加肾脏、心脏、大脑等器官病变导致的死亡风险。

有艾滋病疫苗吗？

　　发现 HIV 引起的免疫反应对 HIV 感染者来说是很危险的这
件事，对研制艾滋病疫苗也产生了极大的影响。毫无疑问，目前
亟须一款预防 HIV 感染的疫苗。毕竟每年都会新增几百万 HIV 感
染病例，传统的预防办法（禁欲、使用避孕套、保持单一性伴侣、
使用一次性注射器）显然不足以遏制这一传染病。

　　一款有效的疫苗无疑是最好的解决办法，在过去的 200 年里
医学界在抗击天花、脊髓灰质炎、乙型肝炎、白喉等疾病上取得
的成功使人们相信，可以用相同的方式来抗击艾滋病。那么我带
大家看看在研制艾滋病疫苗的过程中我们都走过哪些路。

　　1990—2007 年，人们采取两种通用的策略，花了很大的力气
来研制艾滋病疫苗。第一种策略是让疫苗接种者的身体产生 HIV
抗体（目前已证明无法实现），第二种策略是诱导疫苗接种者的身

体产生细胞毒性 T 淋巴细胞（CTL），从而杀死被 HIV 感染的细胞。

第二种策略在动物实验和人体试验中都被证明是可行的，因此进行了一项有数千名患者参与的临床试验，研究人员为患者注射一种能够引起强烈 CTL 免疫反应的疫苗。⑧

2007 年公布的研究结果表明，该疫苗不但不能预防 HIV 感染，而且在某些群体中还增加了感染病毒的风险[1]。罗伯特·加洛认为这次实验与美国哥伦比亚号航天飞机失事一样都是灾难性的。虽然这一试验结果看上去令人震惊，但从我们之前的讨论中就能看出，该疫苗只会增加接种者体内潜在的被 HIV 感染的细胞的数量。当然这么说也多少有点事后诸葛亮的味道。

事实上，抗击其他种类病毒的那些有效手段对 HIV 都不太奏效。然而，似乎这还不够，主要问题仍未得到解答：为什么感染了 SIV 的猴子就没事呢？因为 SIV 毕竟也是细胞致病性的，并且不受免疫系统控制，迟早都会杀死宿主体内全部的 CD4+T 细胞，即使感染了 SIV 的猴子的免疫系统很平静，它最终也会罹患艾滋病。

简而言之，仅凭免疫抑制是否足以解释绿猴和白枕白眉猴的无症状感染？是否还需要将其他的因素考虑进来？为对这一复杂的现象做出全面的解释，我们必须引入另一个概念，"目标限制"。我们先考虑一个简单的问题：并非所有的 CD4+T 细胞都是相同的。事实上，某些 CD4+T 细胞在维持免疫系统功能方面比其他细胞更重要。

---

[1] 在针对疫苗载体的特异性抗体水平较高的受试者中。

　　我脑中有一个类比：把免疫系统比作一棵大树，大树由树干、树枝和许多树叶组成。病毒是剪刀，如果剪刀只是剪一剪树叶，那么不会对整棵树造成多大的伤害，但如果用剪刀剪树枝，那么危害会很大。还可以用另外一个例子来说明：假如家里有虫子，如果这些虫子只是吃剩菜剩饭或者吃垃圾，那么其实危害不是很大。但如果这些虫子吃冰箱或者储藏室里的食物，那我们迟早会没饭吃的。

　　根据一种流行的理论，上面提到的"重要的"CD4+T细胞被称为"中央记忆T细胞"，这种细胞不仅寿命长，而且还能够有效地分裂分化为"效应T细胞"。而那些没那么重要的CD4+T细胞被称为"过渡记忆T细胞""效应记忆T细胞"，这些细胞寿命短，繁殖效率也不高。

　　根据上述理论推测，在人类和亚洲猕猴的体内，受感染的细胞大部分都是"中央记忆T细胞"，而在绿猴及白枕白眉猴体内受感染的大多是"效应记忆T细胞"。因此，人类及非洲猴子血液中的病毒含量差不多，但是受感染的细胞种类不同。那么问题又变成：非洲猴子是如何让SIV只感染那些没那么重要的细胞，而不去感染那些很重要的细胞的呢？

　　答案尚不得知，但是似乎"目标限制"这种机制的关键就在于能够表达一种称为"限制因子"的蛋白质，这种蛋白质能够干扰HIV和SIV的复制。或者相反，非洲猴子体内根本不会产生任何病毒复制所需的蛋白质。人们还在对此进行研究，目前还有很多地方不明确，而且远远超出了之前的预估。但是中心思想是明确的：病毒在哪里复制（从而杀死哪些细胞）远比复制了多少（杀死多少细胞）更重要。

我再用军事来做一下类比（免疫学家可喜欢这么干了）：在感染了 HIV 的人体内，病毒就是敌军，我们的身体对敌军大规模的入侵做了很多抵抗，但是决定性的胜利始终未出现，战争持续数年之久，最终把身体彻底摧毁。简而言之，这是一种因为 chutzpah，或说 hybris 导致的过错。

而非洲猴子的情况则不同，进化似乎知道这些猴子有多大能耐，所以可以把一部分领土交与敌人，而另一部分则紧紧攥在非洲猴子手里，从而避免了无用的流血与牺牲。但这种策略是只存在于绿猴和白枕白眉猴体内，还是普遍存在于自然界呢？这就是下一章要讨论的内容了。

8

卡尔·林奈的错误[1]

极端条件下的生存策略

多数人都认为历史是一个漫长的过程，但事实上历史往往发生在一瞬间。

——菲利普·劳斯

---

[1] 卡尔·林奈，本名卡尔·林奈乌斯（1707—1778），瑞典人，医生、动物学家、植物学家。他提出了著名的"自然界无跳跃"规则，这条规则指出，在自然界里没有任何生物会跳脱出有序和渐进的因果关系链。但是"跳跃式物种形成"（也是本章的主题）的特有随机性表明，自然界中存在着一些逃脱了这一逻辑链的现象，这是伟大的林奈，现代生物分类学之父，在他所处的时代不可能知道的事情。

扩张政策

据说，在 1773 年的某一天，俄罗斯伟大的女皇叶卡捷琳娜二世，她柔和的目光至今仍然注视着漫步在圣彼得堡的涅瓦大街上的外国游客，曾和法国哲学家德尼·狄德罗交谈，狄德罗向女皇提了一些关于农业改革的建议。这位学识渊博的启蒙思想家还向她解释了在民众中开展科学、技术，以及理性教育的重要性。

狄德罗还特别建议女皇颁布鼓励引进新技术的法令，从而提高农业效率，减少饥荒。女皇并不能理解谈话的每一个细节，但是她担心新技术会产生负面影响，她是这样回应的："哲学家先生你们可真幸运，你们有了新理论直接写在纸上就行了。而我这个可怜的女皇，我要是提出新政策的话，我得写在我的子民身上啊。"

自然和进化也采取了与女王一样的做法，它们会把指令写在每个生物的 DNA 上，这些指令基本上意味着更高的存活率及更高的繁殖概率，成为后代子孙应当遵循的法令。直到下一个突变出现。

某种物种的 DNA 对周围环境的适应是受无数种因素影响的，这些因素中就有病毒及其他微生物，它们通过传染来引发宿主发生一系列的变化，就像是重新洗牌一样。而如我们所知，宿主的免疫系统会做出两种反应：消灭这些微生物来防止被感染（"斗争"）；或者签署一份协议，宿主与微生物都和平共处，相安无事（"共存"）。

但是要注意："共存"并不表示"不管不顾"，不是像鸵鸟那样把脑袋埋在沙子里。相反，"共存"表示适应，为了达到可能出现的和平情况重新组织相应的功能。[①]这种情况在自然界很常见吗？回答是：很常见。比我们几年前所认为的要多得多。[②]但还不仅于此。在所有可能出现的情况中，选择"共存"是更常见的选择，远比全面开战更普遍。

自然宿主

在逆转录病毒的世界里，特别是在慢病毒（HIV 和 SIV 都属于慢病毒）的世界里，与免疫系统和平共处似乎是其行事准则，那种为了消除感染而激发的免疫反应（这种免疫反应本想消灭病毒，但却导致了疾病）就相当于是意外情况。通过观察一组被称为猫免疫缺陷病毒（FIV，图 8.1）的慢病毒的行为，证实了这一点。

FIV 是一种和 HIV、SIV 类似的逆转录病毒，可以通过性传播，并导致家猫慢性感染，这种慢性感染的特征是病毒持续进行自我复制，而且 CD4+T 细胞持续减少，免疫系统持续被削弱。如大家所见，这是一种与艾滋病高度类似的疾病。

同时，就像 SIV 在大部分非洲猴子体内只会产生轻微症状一样，FIV 在狮子、豹、美洲狮这些野生猫科动物身上也表现得很安静，尽管在这些被感染的动物体内病毒的复制水平是很高的。

还存在着一种很有意思的相似现象。就像 SIV 在相对较近的时期从猴子身上转移到了人身上一样，FIV 也是从野生猫科动物身上转移到家猫身上的。事实上，即便是野生猫科动物也很少有机会接触到这种感染。③

在猫的世界里，相比于那些高度适应人类家庭生活的猫（比如暹罗猫、波斯猫），FIV 更多出现在流浪猫身上。

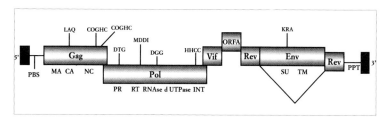

图 8.1　猫免疫缺陷病毒

SIV 与 FIV 最根本的区别是，SIV 只存在于非洲猴子身上，而 FIV 既出现在亚洲的猫科动物身上，也出现在美洲的猫科动物身上。

FIV 在地理上分布更广阔的原因还不得而知，针对这一谜题已经提出了很多种理论。比如，有的理论认为 FIV 先于 SIV 出现；有的理论认为猫科动物的迁徙半径远大于灵长类动物的迁徙半径；还有理论认为猫科动物普遍具有攻击性，它们通过抓和咬把病毒从一个物种传给另一个物种，这种方式远比灵长类更有效率。但是，关于这种病毒的传染还有很多方面没研究清楚。比如狮子与这种病毒的关系就很特殊：坦桑尼亚的塞伦盖蒂国家公园中的狮子都感染了这种病毒，但是纳米比亚的艾托沙国家公园中的狮子却都没有被传染。

这里我们会提出一个很有意思的问题：只有 FIV 和 SIV 这两种逆转录病毒会与宿主的免疫系统建立和平共处的关系，还是这种现象对慢病毒来说很普遍？事实上，我们研究的病毒越多，就越能发现这种现象的普遍性，并且这些在文中也多次出现。

更详细地说，对绝大多数病毒（或病毒家族）来说，会有一个特殊物种作为这种病毒的"存储寄主"或"自然宿主"，尽管病毒寄生在它们身上，却并不会对其构成多大的伤害。换言之，在"自然宿主"种群中，病毒的感染现象通常非常普遍，绝大多数经常接触病毒的个体仍然很健康。那么就形成了一个巨大的差别：大部分的"自然宿主"常常接触病毒，并且依然保持健康；而那些偶尔才接触到病毒的，由于不知道该怎么和病毒相处，往往会选择开战。

从个体角度出发，我们都知道选择开战到最后无非就两种结果：要么战争进行得不顺利，最终发展为疾病；要么比较幸运，免疫系统赢了，赶走了"新病毒"。但是从种群的角度出发，讨论起来就不是这么轻松了：如果病毒导致的疾病只会感染和杀死少数个体，那么对整个种群来说它是无关紧要的；但是，如果病毒引发了疫情（比如 HIV 在人类中蔓延），那么对整个种群来说就是悲剧了。

根据进化法则，被感染的种群要么去适应病毒，要么灭亡。[④]

科学文献中有很多关于病毒的自然宿主（或存储寄主）与非自然宿主之间差别的例子：比如埃博拉病毒，这种病毒的超高死亡率在整个传染病研究史上都属罕见，但却不会对非洲蝙蝠造成任何影响；北美睡鼠身上的汉坦病毒，在 20 世纪 90 年代引发了几次肺炎疫情；浣熊、鬣狗身上的弹状病毒，如果转移到狗或人身上，就会引发狂犬病；大狐蝠身上的尼帕病毒现在已经在很多地方传播开了，它会引发严重的呼吸道疾病；马身上的一种 α 病毒会引发非常严重的脑炎；还有在 2009 年春天暴发的 H1N1 流感，俗称"猪流感"，也是病毒从其自然宿主身上转移到其他物种的结果。[⑤]

谁能挺过去，而谁又不能

那么，是什么因素导致了病毒从一个物种身上转移到另外一个物种身上呢？我们先从直观的层面来判断："跳跃式物种形成"属于偶然事件，或者更明确地说，导致物种灭绝或物种数量锐减的灾难性事件很少发生。我之所以这么说，是因为有很多病毒从一个物种传到另一个物种，而我们却完全没有注意到，这一现象恰恰是因为这些病毒不仅在自然宿主体内是无害的，在被其感染的新宿主体内也是无害的。那么很自然，由于病毒在新宿主体内也很安静，这些跨物种传播事件很难量化，至少靠目前的病毒学分析技术没办法测定出来。因此我们就不做过多讨论了，就像在我们的体内每个瞬间都存在着数万亿物质和反物质的波动，而我们却不会关注一样。

然而，在病毒持续"安静"地从一个物种传播给另一个物种却没有引发疾病的情况中，存在一个例外——一种我们能够直接观察到的情况，证明"无声的"传播确实发生了。那就是 SFV（Simian Foamy Virus，猴泡沫病毒）型泡沫病毒，它普遍存在于非洲猴子（黑猩猩、狒狒、绿猴等）身上并且可以传染给人类，到目前为止还没发现有什么危害。

由于这是一种类似于艾滋病病毒的逆转录病毒，人们担心这种泡沫病毒从猴子身上转移到人身上可能会导致某种疾病。就目前已知的事实来看，这种担心虽然符合逻辑，但却是多余的。这也给现代逆转录病毒学提出了一个挑战，我们需要在分子层面上弄清楚为什么 SFV 与 SIV 的情况完全不同，被 SFV 感染的人可以迅速适应这种病毒又不会引发任何疾病。弄清楚 SFV 的情况之后，我们就会更容易理解 SIV 从黑猩猩身上转移到人身上，引发恐怖的艾滋病的机制。

接近、效率、自主

大体上，病毒跨物种传播会受到三种限制：环境限制、病毒限制，以及生物限制。环境限制很好理解，比如，堪察加半岛水域的三文鱼身上的病毒很难传给哥斯达黎加的蓝箭毒蛙。因为地理限制，以及其他许许多多原因，很多物种根本没有机会彼此接触。但是大量的跨洲飞行，以及交通运输能力提高，使得偶然接触"千里之外"的物种的概率增大了。

病毒限制与病毒有效地进行跨物种传播的能力相关。如果病毒无法在宿主的呼吸道分泌物中大量聚集，或者没法通过呼吸道、消化道传播（这两种传播途径是最"简单的"），而只能依靠静脉注射或者侵袭很深的伤口进行传播，那么病毒也走不了多远。

事实上，病毒限制与生物限制之间并没有明确的界限。二者之间不只是概念上的差别。

生物限制对病毒而言，是指它需要利用宿主细胞的新陈代谢机制来完成自我复制。在漫长的进化过程中，人类这一物种变成了一支能够高效应对自然压力的优秀队伍。这不仅在于我们的免疫系统结构复杂，还在于它那惊人的识别大量体外物质分子结构的能力。⑥

病毒跨物种传播需要跨越一道生物长城，生物长城这一概念表面上很简单，但实际上暗藏不少陷阱。不知道大家还记不记得：病毒要进行复制就必然会利用宿主细胞的结构。要想利用宿主细胞的结构，那么病毒的结构就势必需要具有能够与宿主细胞的结构相互作用的能力。

比如，如果 A 病毒能使用兔子呼吸道上皮细胞的 X 蛋白质来合成自己的 DNA，它要想从兔子身上转移到鸡身上（假定兔子和鸡生活在同一个农场），就要以相同的方式使用鸡的 X 蛋白质。否则病毒的跨物种传播就会被终止。病毒完成一个完整的生命周期，会重复使用宿主体内上百个蛋白质，以及其他一些分子，这是一个非常复杂的过程。这就是为什么很难预测出一种病毒究竟会在何时以何种方式从一个物种转移到另一个物种身上。

那么你们觉得病毒是像抽奖那样随机选择自己的新宿主吗？当然不是这样。事实上病毒跨物种传播会受到很多基本原则的约束，并不是碰运气。第一个原则就是，在系统发生学上如果两种宿主之间基因上相近，那么可以提升病毒跨物种传播的可能性。[⑦]比如两种 SIV，来自黑猩猩的 SIVcpz 和来自绿猴的 SIVamm，会转移到它们的"近亲"人类的身上，而不会转移到豹或者狮子身上，尽管豹、狮子已经与它们一起生活了数千年而且接触密切。

但是这一原则也有特例：最典型的就是流感病毒，它们擅长从与自己同种的病毒身上取下基因片段并整合到自己的基因组里。在流感病毒里，既有可以感染鸟类的流感病毒，也有可以感染哺乳动物以及许多其他物种的流感病毒。如果这些流感病毒相互接触并且互换基因片段，那么就可能会产生"新"病毒，能够感染在系统发生学上相距很远的物种。

第二个约束病毒跨物种传播的原则与病毒结构的复杂程度有关，即需要在多大程度上使用宿主细胞的生物机制。我来详细解释下：相比于需要使用宿主细胞的 100 种蛋白质的病毒来说，那些仅需使用宿主细胞的 10 种蛋白质的病毒转移到其他物种身上的可能性会高很多。

也存在一种子规则，这种子规则与病毒使用的蛋白质的"种类"有关。这很好理解：两种差别很大的物种体内也会存在一些很相似的蛋白质（比如某些葡萄糖苷酶，能够水解葡萄糖从而提供能量，在苍蝇、真菌、鸽子，以及鲸体内都有这种酶）。而另一些蛋白质，比如免疫系统的蛋白质，不同物种间的差异很大。总之，病毒使用物种"通用"蛋白质的程度越高，成功转移到其他物种的可能性就越高。

跳跃式物种形成

病毒与宿主免疫系统的相互适应，随着病毒的跨物种传播而变化的现象，是只会发生在病毒身上，还是对其他微生物来说也同样会发生呢？答案是后者。对细菌和寄生虫来说上述现象同样会出现。细菌无处不在，我们的人体中就有很多细菌，而对最复杂的寄生虫——蠕虫来说，我需要先介绍一段历史。这段历史的主角叫麋鹿原圆线虫（图8.2），它是一种形状很像低音谱号，生活在很多反刍类动物体内的几乎无害的寄生虫，在欧洲和新西兰的赤鹿体内很常见。但是当这种蠕虫从赤鹿体内转移到驼鹿体内之后，问题开始出现了。这种蠕虫常常会引发驼鹿严重的中枢神经系统疾病，科学家认为是宿主免疫系统的过激反应所导致的，最终会让宿主自我毁灭。

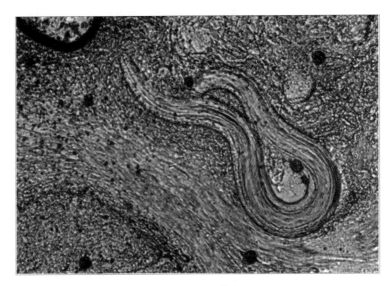

图 8.2　原圆线虫

　　而其他种类的原圆线虫，比如北美驯鹿原圆线虫及欧洲驼鹿原圆线虫也会导致非自然宿主罹患严重的疾病。

　　我想有些读者会问：为什么我们要对那些传染北极地区驯鹿的蠕虫感兴趣呢？原因很简单，如今的家养动物，特别是牛、羊、兔子、鸡，在面对新的感染时很脆弱。为什么会这样？因为它们一代代在人工环境下被饲养长大，由于缺乏自然选择，它们的免疫系统变得非常脆弱，而且这种情况已经无法挽回了。

　　这就是为什么口蹄疫病毒（FMDV）或是朊病毒会造成巨大的损失，其中，口蹄疫病毒已导致数百万农场动物死亡。同样我们需要严防死守像原圆线虫这样的蠕虫，它们具有杀死绵羊和山羊的能力（或许还会杀死奶牛和马）。[8]

我们已经清楚，有些病毒会跨物种传播。那么如果这些病毒同时传播到了一个新物种身上，它们之间会相互影响吗？坦白地说，多种病毒合并感染之后，情况会变得异常复杂，而且很不好理解，但是有一个案例有必要提及，它说明了被多种病毒同时感染的一种结果——可以促进人体对病毒的适应，这就是关于"庚型肝炎病毒"的故事。

重新正名

正如大多数读者知道的那样，病毒性肝炎是由病毒引起的，我们按照病毒被发现的顺序用天干：甲、乙、丙、丁、戊、己、庚、辛、壬、癸为这些肝炎命名。目前最新发现的肝炎用庚字来命名，科学家以一种很突然的方式逮到了它，就像西部片里的警长一样，突然拔枪射击之后再做出解释。

事实上庚型肝炎病毒后来被重命名为GBV-C，以说明这种肝炎病毒是"清白的"，而且与之前发现的那些肝炎病毒是不一样的，它不仅不会导致肝脏或者其他器官罹患任何疾病，甚至都不能感染肝脏细胞。换句话说，这是一种不会导致任何疾病，能与我们和平共处的病毒。

我们为什么会对这种病毒感兴趣呢？因为这种病毒会减弱HIV的感染。[9]换句话说，如果一个人感染了HIV又同时感染了GBV-C，那么其出现艾滋病症状的速度会减慢。多年前，爱荷华大学的疾病专家杰克·斯泰普尔顿首先发现了 GBV-C，几年前如果有人声称存在这样一种病毒，那大家都会觉得这个人病得不轻：因为一种病毒可以抑制另外一种病毒这种观点很多人并不能接受。

2009 年人们发现了 GBV-C 抑制 HIV 复制的分子机制，即 CD4+T 细胞表面的 CD4 分子（病毒的第一受体）的表达受到抑制，从而减少了 HIV 的感染。

想一想，这件事挺奇怪。看起来 GBV-C，这种可能在人类群体中生活了很长时间，在几百年前就和我们的机体签订了和平共处协议的病毒，决定介入调停人类与 HIV 之间的战争，就像联合国维和部队一样。

我们可以说，在自然界中与不同机体和平共处的意愿推动着病毒与宿主之间建立并规范相互作用的关系。仿佛在长久的暴力而残酷的进化和环境选择的混乱中，彼此竞争不断的物种之间自然地出现了和谐的状态。我们能从这些观察中汲取教训吗？

9

可实现的共存

从生命体那里学到的知识

是欲望拓宽了思想。

——希波的奥古斯丁

对不从众的人来说，与众不同是件好事。对喜欢从众的人来说，与众不同是件坏事。

——桑德罗·佩纳

千年的智慧

在这一节的开头我需要讲一个知识点：冲突与和解之间的辩证关系是人类漫长历史中最关键的因素之一。毕竟，如果我们想到人类的征伐，所有的伟人都可以分为两派，"好战派"与"主和派"。好战派包括阿喀琉斯、恺撒、阿提拉、成吉思汗、拿破仑、希特勒，以及乔治·布什，主和派包括赫克托耳、奥古斯都、查士丁尼、法国的亨利四世、太阳王路易十四、甘地，以及曼德拉。鉴于上述分类，大家会简单地把这些人看成好人或坏人，但其实不是这样的。很多好斗的灵魂也会为这个世界带来美丽的音乐、艺术，比如但丁、卡拉瓦乔、贝多芬，以及兰波，他们都有伟大的创造力。[①]

上面两类人其实代表了人类在面对真实或假定的危机时所表现出来的两种模式。关键就在于如何区分这两种模式。现在冲突与让步这两个纠缠已久的关系可以用生物学的观点来解释，因为免疫系统与病毒、细菌这些微生物之间每天都会发生无数次这样的互动。

大家应该还记得我们进退两难的困境吧，是斗争还是共存呢？我们如何在面对真实或假定的危机时做出最巧妙的应对呢？

如果你们在澳大利亚海域游泳，突然有一只大白鲨靠近了你们，这时候跟大白鲨谈判就不是个聪明的决定了。因为在滑铁卢打败拿破仑而被载入史册的惠灵顿公爵虽然不算是一个伟大的主和派，但他也做得不错。据说在他担任驻法国国王路易十八（波旁王朝复辟后的第一位皇帝）宫廷大使期间，每当看到他走过来，法国的贵族们就会背过身去以示挑衅，但是公爵"毫不在乎"，他说，"我在战场上见过这些法国人的屁股"。

惠灵顿公爵的对手，米歇尔·内伊，是更温和的主和派（至少在生死关头是这样），他被称为"勇士中的勇士"，是拿破仑在滑铁卢战役的指挥官。内伊在战败后被波旁王朝以叛国罪判处死刑，他认可了这一判决，条件是执行枪决时，由他给士兵下开枪的命令。

上面这些例子太极端了，但其实我们生活中的方方面面无不体现着主和派（或好战派）的精神。只有当某个人具有很强的洞察力的时候，他才会成为主和派，因为做出太多让步和接受过多自身以外的实体的存在是要面临很多风险的。②

或许拉丁语的名言"要想和平，就得做好战争的准备"，有效地概括了免疫系统的行为：它握有抗体、杀伤细胞、细胞因子等武器，时时保持警惕，即便真正吹响战争冲锋号的机会并不多。

从这点来看，T细胞、B细胞，以及抗体的任务就是攻击对机体有害的物质，类似于兵工厂出产的武器。如果某些基因疾病使我们身体的兵工厂无法生产这些武器，或者由于某些外界因素，比如化疗、白血病、艾滋病，导致我们手头的武器损毁了，我们就失去了和谈的能力，机体会遭到微生物入侵，甚至常常会被杀害，而对具有正常免疫系统的机体来说，这些微生物并不算什么。

换句话说，我们随时要做好战争的准备，否则就会被敌人打败。还有一点，我们不能将细胞、免疫分子，或者不可见的微生物过度拟人化，毕竟免疫系统与微生物之间的共存是进化出来的适应机制，是自然选择的结果。

肠道的智慧

不同细胞与机体的和平共处是我们消化系统功能正常发挥的基础，从外界摄取的食物在消化系统中被消化吸收，成为构建我们身体所有分子和细胞所必需的基石。

在我们的肠道中生活着数量惊人的细菌，而且这一数量远超我们人类身体细胞的数量。肠道细菌在很多方面都是非常重要的，它们能够产生我们必需的维生素，能够帮助我们吸收并利用通过饮食摄入的营养物质。这里我会用很短的篇幅介绍它们与免疫系统之间复杂而迷人的关系。

我们体内绝大部分的微生物都被免疫系统识别为无害。换言之，我们的免疫系统放弃了向这些微生物宣战，因为最有利的选择是共存。如果没有与这些微生物停战，我们每一天都会很辛苦，我们会过得像那些饱受折磨的偏执狂一样，除了与外界的一切抗争，找不到任何存在的意义。③

溃疡性结肠炎和克罗恩病等疾病就是让肠道陷入了与自己以及整个世界的无休止的争斗中，表现为消化道的慢性炎症。也许更奇怪的是，我们的免疫系统不但要能够区分出对我们的肠道来说"有益的"微生物和确实危险的微生物——比如沙门氏菌、志贺菌属[1]等，而且还需要一些肠道细菌来发展自身，并准确开展它的防御功能。消化道中的微生物通过一些目前我们还不清楚的机制，在让我们的免疫系统学会识别大量与自身结构不同的分子结构方面，发挥着重要作用。

这种现象可以在实验室的老鼠身上体现出来，人为地让老鼠的肠道保持无菌状态（让老鼠在无菌环境下成长），老鼠的免疫系统就会出现一些缺陷，有些缺陷甚至很严重，限制了老鼠的免疫系统保护自身免受致命感染的能力。

然而，正是在这种情况下出现了神秘的微生物生态调节（肠道微生物环境）现象。在这一调节过程中，有益的细菌通常会在竞争生存资源方面击败具有潜在威胁的细菌。

抗生素

当这种调节功能丧失时，可能会出现的一个典型例子就是艰难梭菌，这是一种能够引起非常恼人的假膜性结肠炎（抗生素性结肠炎）的细菌，有些人为了治疗严重的心内膜炎或者脑膜炎，需要长期使用抗生素，在他们体内就常出现这种细菌。

---

[1] 又称痢疾杆菌，是人类细菌性痢疾最为常见的病原体。——编者注

　　临床表现就是原本平衡的共生环境被破坏，一种细菌潜伏在无菌的组织中，比如心脏瓣膜或者脑膜。通常还会有一些特殊情况，比如用不洁的针头注射海洛因或其他种类的毒品，或者是受了枪伤，都会导致细菌进入到血液循环中。

　　在这些绝望的情况下，我们的免疫系统别无选择，只能竭尽全力战斗，尽管可能为时已晚，感染最终致命。幸运的是，现代医学在这方面取得了巨大进步，通过使用抗生素可以避免上述悲剧（当然不是百分百成功），抗生素可以杀死细菌细胞并且不对宿主的组织产生任何伤害。

　　到目前为止一切都还好：脑膜炎和心内膜炎可以治愈，病人的生命也将得救。唯一的问题就是这种疗法耗时很长，可能会拖几个星期。在此期间，对肠道内细菌生态的破坏以副作用的形式登场了。抗生素药物能够杀死藏在脑膜或者心脏瓣膜中的细菌，但事实上也会杀死大量肠道内的其他细菌。这时艰难梭菌这种之前被众多"有益的"细菌压制的细菌就会开始大量繁殖，并且逐渐占据大多数，最终引发疾病。

　　总之，经过上述考虑以后，我们可以看到肠道细菌与免疫系统的关系完全不是我们之前想得那么简单。肠道细菌不但为我们的免疫系统所容忍，而且会帮助它形成和发展，甚至保护我们免受潜在的危险细菌的攻击。最近的一个医疗发现更确定了这一点，人们发现艰难梭菌引发的肠炎可以被一种称为"粪便移植"的疗法治愈，此疗法中使用的"有益的"细菌就是从正常人的粪便中提取的，这些粪便提取物被放置在胶囊里，患者吞服后，肠道内的菌群平衡会被重启，患病的器官也重新健康起来。

选择共存不管是对宿主还是对细菌都是有利的，宿主发展出了高效的消化系统和免疫系统，细菌也找到了自己的安身之所。

致命的永生

上面提到的这种和谐状态对哺乳动物等复杂的生命体来说也是符合其生理学要求的，这样这些复杂生物体内高度特化的细胞（比如大脑神经元细胞、红细胞、心肌细胞等）就可以和平共处了。为什么要和平共处呢？因为只有这样才能确保机体整体功能正常运转。

其中最重要的一种机制就是"细胞凋亡"，即细胞程序性的死亡。乳房、肠道、前列腺、胰腺、肝脏、肺，以及皮肤等组织的上皮细胞都会发生细胞凋亡，它们的存在受一种分子分化程序控制，生存时间和死亡时间都已被设定。

换言之，我们身体很多组织的细胞在基因上就注定了要在某一个特定的时刻结束自己的生命。这么做的目的是什么呢？是为了确保普遍的共存，只有普遍的共存才能达到生物的终极目标：将基因传给下一代。因为对物种而言，繁殖代表着物种的延续。一句话，要赢得进化这场战役的胜利。

扰乱细胞诞生、增殖和死亡的常规程序的基因改变，以及其他没有在本书中做讨论的理由叠加在一起，就是诱发癌症的根源，我们可以认为这是共存的一种失败形式。④当它发生时，一组细胞

（称为"克隆体"）不再为整个机体更好地运转而服务，而是开始变得自私自利，追求一种虚幻的永生，矛盾的是，它们的复制越是高效，形成癌症的机体的死亡就越早到来。

明白了能"诱导"细胞停止与自己之外的机体和平共存的分子机制之后，我们就有了治愈癌症的希望。

完美的双亲

就像我们之前提到的那样，当我们面对某些生物现象时，比如健康的细胞变为癌细胞或者某种细菌导致致命感染，我们会很自然地启用人类的道德评价体系去评价。但是在生物学上真的没有好与坏之分。狮子与瞪羚之间的关系，或者说捕食者与猎物之间的关系，能很好地说明这一点。捕食者与猎物相互需要，没有输家也没有赢家。因为如果狮子杀光所有的猎物，那么在这场荒唐的盛宴结束后，它们自己也会饿死。而瞪羚若生活在一个没有任何捕食者的理想世界里，它们会毫无节制地繁殖，最终会消耗掉所有食草，同样也会饿死。

我知道，这种正义的逻辑看起来过于简单、线性。但这正是人类思想为它添加伦理内涵的原因，这是由人类自身的愿望所决定的。人们相信在深层次里有更复杂和更高尚的东西。也是因为我们希望自己及我们所爱的人活得尽可能长久。从严格的生物学进化论的角度来看，大自然中不同种类的动物共存与人和艾滋病病毒共存这两件事是一样的，同样，同一个机体内不同种类的细胞共存这件事和前面两件事也是同一回事。共存的同时互相促进，直到某一个物种占据了一个可观的比例，那么这一物种就在进化中赢了。简而言之，前进是最重要的，进化是动态的，停滞不动就意味着掉队了。

当我们以开放的思维模式去分析生物学现象时，我们就会发现，进化的成功和人类对善恶的感性认识是可以重叠的。

一个经典的例子就是：在所有文化中都普遍存在对儿童遭受苦难的恐惧。当哲学家讨论真正的恶时，通常都会指出杀死行动能力十分有限的幼儿是十恶不赦的行为。

从世俗的角度，或者讽刺地说，从进化的角度来说，杀死幼儿也绝对是一件十恶不赦的行为，因为这意味着繁殖被不可逆地中断了。另一个例子是：在绝大部分人类伦理道德系统中，赋予家庭的核心责任都是优先考虑抚养、保护，以及教育下一代，无论要付出多大的牺牲。因为这是支撑起整个社会的脊梁。继续从进化的角度来说，父母抚养、保护，以及教育下一代其实就是在保护下一代的基因，也是在保护他们的繁殖能力。

困惑与期望

那么很多人都会问：为什么进化会给人类这一物种带来如此多的战争呢？一方面人类在进化上取得了惊人的成功，另一方面也发展出了远比其他物种更高效的杀死自己同类的能力。在面对人类的这种矛盾的时候，我们很难不产生困惑。

应当指出的是，这些都是在文化进步的大背景下发展出来的。请注意，这是在文化演进的背景下发生的，至少在文字上，它把伦理问题，以及它随着时间的推移的进展，带到了对每个人类现象进行评价的中心。当然，如果我假装能给大家个答案我就太自负了，毕竟大批人类学家、社会学家、心理学家也深感困惑。

但是请允许我冒昧地跟大家分享下我的思考，特别是我的期望。我期望今后人类发展的核心是文化日益和谐，是仁慈、和平思想的全球化。我期望世界可以更包容，允许更多观点共存，这样可以规避很多不必要的战争。

我认为我们要鼓励支持所有能够帮助我们建设一个伟大且包容的人类大家庭的方法和举措，与此同时我们要坚决反对那些制造隔阂和分裂的事件。我期望生活在一个大家都使用一种共同语言的世界里（如果这种语言是英语而不是法语，那么请说法语的朋友保持淡定）。我期望生活在一个科学、音乐、艺术能够丰富人类心灵并且增进人类对自身认知的世界里。我期望生活在一个遵循统一的商业、技术、文化交流准则的世界里，这样之前设置的很多不同人群间的界限就会逐渐消失。和谐共处、没有战争只是达成上述期望的第一步。然而我必须要承认，从目前的情形来看，上述我所有的期望都很不实际，因为我没有感觉到身后吹来任何变革之风。

从这个意义上讲，病毒又给我们上了一课。它们不只是我们的敌人，也不只是借宿在我们身体内的客人，它们也是我们的朋友，帮助我们完善自身，保护我们免受其他无法治愈的疾病的伤害。我会在下一章为大家做详细介绍。

10

总之，我们是谁？

一个笨人见的世面多了也不会变聪明，但是一个聪明人故步自封久了则会变得愚蠢。

——沃尔夫冈·莫扎特

只有你们穿上裙子之后，才会知道裙子是什么

在莫扎特的歌剧《唐·乔瓦尼》的尾声有这样一幕，大花花公子唐·乔瓦尼的狗腿子仆人莱波雷洛为一次特别的晚宴准备了一大桌子食物，这次晚宴唐·乔瓦尼邀请了一尊石像[1]。

如大家所知：在晚宴快要结束的时候，可怜的花花公子被脚下的地狱吞没。但我并不想说这个，因为我也不相信地狱的存在。

歌剧里面有一个桥段我认为很有意思，莱波雷洛在准备刀叉碟子的时候漫不经心地吹着口哨，旋律就是莫扎特另一部名作《费加罗的婚礼》里面著名的《你再不要去做情郎》。我很想知道为什么莫扎特会这么做，是为了推广自己的另一部歌剧，还是他还有什么更重要的决定？或许某些研究过莫扎特的书信的学者知道答案吧，希望谜底能尽快揭开。

我个人倾向于认为莫扎特设计这个桥段的目的是为了表现现实主义，他想要将现实主义和作品的情感力量提升到一个更高的水平上去，即便在现在看来人们仍然为他的做法感到惊讶与不解。

---

[1] 歌剧中老骑士唐·佩德罗的石像，唐·乔瓦尼最后被复活的石像拉入地狱。——编者注

《唐·乔瓦尼》中有很多关键的戏剧性场景会融合滑稽的桥段。在歌剧尾声，有些诙谐的晚宴突然间变成了一场悲剧，拷问着人性，抨击着傲慢和贪欲。

换言之，在我们这些观众面前有两层不同的真相（或者说，虚构的真相），第一层是最明显的，它恰恰属于"婚礼"和"唐·乔瓦尼"的整个前奏部分，在这部剧中，人们清楚而明确地看到的是一场演出，全部的少女，唐·乔瓦尼玩弄过的女人的名单，小小的背叛，以及迅速的原谅，这些都是真实的。

第二层更接近观众，也更真实，可以将莱波雷洛（和他分心的调情）从《费加罗的婚礼》及《唐·乔瓦尼》第一部分的故事中投射出来，并且更接近我们的视角。在这两部作品之间这种虚幻的距离中，或许隐藏着莫扎特作品强有力的元语言信息：在《唐·乔瓦尼》最后的晚餐中，主人公变得更加真实，同时他们的命运变得更加让人恐惧和绝望。

发现基因组

在遗传学研究领域，对于发现人类基因的完整序列，有两个时间点是至关重要的，这两个时间点与歌剧中莱波雷洛吹口哨的时间点非常相似。第一个重要时间点是 2001 年，人类基因组计划工作草图发表在《自然》杂志上。第二个重要的时间点是 2004 年，我们人类全部的 DNA 序列测序完成并发表。

从那时起，就像一出戏剧从喜剧过渡到悲剧一样，遗传学变成了由认识我们终极本质的知识主导的科学。然而有一点不同。

在《唐·乔瓦尼》这部歌剧中，玩笑氛围的结束恰是灾难的开始，但在遗传学领域，人类基因组计划的完成却开启了"严肃"科学阶段，而这有望带来非凡的发现，有朝一日转化为在治疗大量疾病的过程中的巨大进展。不过我们还是一步一步来吧。

正如大家知道的那样，对人类基因测序可以让我们确认过去或多或少已经知道的事情，特别是染色体的组成，也带给我们不少惊喜，有些甚至堪称轰动。（图 10.1）

首先，修正了我们的基因总数（每一种能够编码特定蛋白质的基因），大约是 2 万[①]，与之前假定的 10 万～20 万有很大的差距。

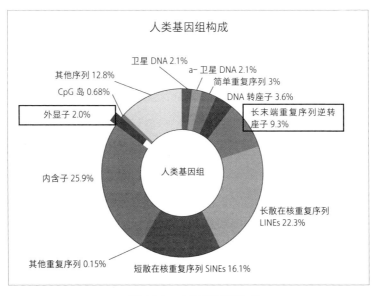

图 10.1　人类基因组构成

但这还不是全部。

其次，更惊人的发现是，我们的身体中用来合成蛋白质的DNA（编码DNA）只占总数的1.5%。仔细想想就会觉得很奇怪。蛋白质堪称构建我们机体的基石，传递合成蛋白质的遗传信息是DNA的核心任务，但是真正用来合成蛋白质的DNA只占了总数的1.5%，比例如此之小。就好比在所有的外科医生中只有1.5%会做手术。

我们已经知道，每个基因旁边都会有一些邻近的基因来控制其表达（转录为信使RNA），而且基因组中也包含很多不编码蛋白质的DNA序列（所谓的内含子），以及失去所有功能的基因（所谓的假基因）。但是即便是勉强算上这些基因，也只占基因组总数的30%～40%。其余的60%～70%由其他基因序列组成，其中一些基因则涉及我们这本书的核心内容。

实际上我想强调一下，在过去，那些不具备基因功能的DNA被很多生物学家称为"垃圾DNA"（Junk DNA）或者"自私的DNA"（Selfish DNA）。用道德标准去衡量化学分子显然是不合适的。事实上，这两个定义似乎都不正确。我们会在接下来的章节中看到，那些不编码蛋白质的DNA绝对不是垃圾，更谈不上自私。

那些不能编码蛋白质的DNA中，有一部分是由一个接一个重复的序列组成的（串联重复），有时是上百个重复的序列，有时是上千个，通常被称为卫星DNA，而它们内部又根据长度细分为小卫星DNA、微卫星DNA等。

卫星DNA具有复杂的生物学功能，经常被法医用于DNA鉴定。之所以能够被法医利用，是因为我们每个人在卫星DNA方面都是不同的。下述内容可以清楚地解释我想说的：卫星DNA是一串很长的条形码，通过快速扫描，我们可以确定该DNA片段属于谁。这有点像收银员在结账时，用红外线扫码器扫描每个商品的条形码就能算出我们消费的金额。

除了卫星DNA，我们还会找到其他重复序列，这些重复的序列不再是一个接一个的有序排列，而是以散在的方式分布于整个基因组中，可根据长度分为LINE（长散在核元件）以及SINE（短散在核元件）。它们是另外一种DNA的一部分，这种DNA与我们之前讲到的所有DNA都不同，但是它们的功能对进化而言至关重要：我们谈论的是所谓的可动基因，或转座子。不用担心，很快我们就会知道这些究竟是什么了。但是，现在我们要先退后一步，我要先讲一个关于玉米和一位名为芭芭拉·麦克林托克的美国女士的故事，以及一场科学革命，这场科学革命的重要性足以比肩哥白尼提出的日心说。

芭芭拉·麦克林托克

芭芭拉·麦克林托克于1902年出生于美国哈特福德，并在1919年违背母亲的意愿，进入大学深造。她的母亲坚信读大学会不利于她找个好人家结婚。她的父亲是一位没什么钱的乡村医生，有四个需要抚养的孩子，早些年曾把芭芭拉寄养在布鲁克林的姑姑家，在那里芭芭拉开始对生物学产生兴趣，当时生物学还是一门刚刚起步的学科。

未来的芭芭拉博士在小时候是个脾气倔强又调皮的假小子，只对植物和昆虫感兴趣。尽管母亲并不同意芭芭拉去念大学，但是父亲和姑姑还是把她送到了康奈尔大学。芭芭拉一生未婚，也没有孩子，世界因此失去了一位新娘和一位模范妈妈，却收获了一位天才。

在很短的时间里，芭芭拉·麦克林托克就成为细胞遗传学的先驱，细胞遗传学属于生物学的一个分支，主要研究细胞内部的基因。她在 20 世纪二三十年代描述并绘制了玉米的基本遗传特征。基于以上研究，芭芭拉·麦克林托克荣获数项学术奖项，并于 1944 年被选为美国国家科学院院士，是美国历史上第三位女性院士。

在 40 年代末，麦克林托克开始收集 DNA 中含有某些能从基因组某处跳到另一处的基因元件（这就是后期她命名的"转座子"）的证据。如大家所知道的那样，相比于经典理论这绝对是一个大变化，因为经典理论认为 DNA 就像刻在石头上的字母一样是不会动的。

受当时技术所限，麦克林托克没法对这种现象的分子和生化基础进行精确定义，她的转座理论由于过于超前，在当时遭到了极大的质疑，在 1953 年她决定不再发表相关研究成果。

在 60 年代末 70 年代初，可动基因在细菌和酵母菌的 DNA 中被"重新发现"，得益于技术的进步，这些可动基因的分子基础也能够被描述出来。"跳跃基因"的存在成为无可争议的科学事实。

这时人们开始重新想起麦克林托克的研究了,她早在 15 年前就发现了转座子。还好麦克林托克足够长寿(1992 年去世,享年 90 岁),看到了科学界对她研究结果的认可,最终在 1983 年获得诺贝尔生理学或医学奖。

"在当时人们质疑我的发现是很正常的,我不认为这是谁的过错或是责任,毕竟有些时候对某些科学发现来说,时机还不够成熟。"麦克林托克在一次采访中说出了以上睿智的话。

全家福:转座子与逆转座子

在我们的 DNA 中可动基因(转座子)占了大约一半,可动基因可以分为两类:DNA 转座子和 RNA 转座子(图 10.2)。我试着用计算机语言来对其进行描述,DNA 转座子就相当于"剪切、粘贴",而 RNA 转座子则是"复制、粘贴"。

总之,DNA 转座子从基因组的一个位置转移到另一个位置的过程并不会产生新的遗传物质,但是 RNA 转座子的移动则需要两个中间步骤:第一步是转录为 RNA,第二步是逆转录为 DNA,它在这个时候已经到了细胞核外(基因组外或说处于可移动状态),准备进入基因组的另一位置。②

RNA 转座子(或逆转座子)出现的频率非常高(在整个人类基因组中大约占 40%,而 DNA 转座子只有大约 3%),而且明显

是更有意义的，因为它们被认为是逆转录病毒的祖先。这里我们
必须再跳回到以前的内容中。

在前面几章中曾提到，逆转录病毒的基本结构包括了三个结
构基因。这些基因可以被转录，通常决定 gag、pol，以及 env 蛋
白的氨基酸序列，在这些基因的末端有一个被称为 LTR（长末端
重复序列）的 RNA 序列，这种序列高度重复且不编码任何蛋白质。

这三个结构基因中，gag 负责生产逆转录病毒的衣壳和基质，
env 负责生产逆转录病毒的最外层部分，pol 负责生产三种经典的
逆转录病毒酶（蛋白酶、逆转录酶，以及整合酶）。

世界上出现的第一种逆转录病毒结构就是由部分 pol 基因组成

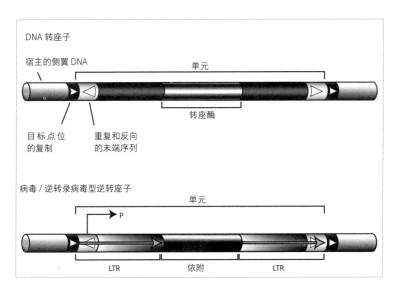

图 10.2　DNA 转座子和 RNA 转座子

的，因为这种基因可以使 RNA 逆转录为 DNA。换言之，逆转录病毒存在的核心就是存在具有活性的逆转录酶。

生存策略

散布在我们的 DNA 中并且具有逆转录活性的 pol 基因片段，最初在 LINE 转座子中发现，LINE 转座子代表着逆转座子最简单、最常见的形式。

LINE 基因在我们基因组中的存在比例会让我们惊掉下巴。在我们人类基因组中（也就是在我们身体每一个细胞的 DNA 中），光是一种名为 L1 的 LINE 转座子就有大约 50 万个之多，名为 Alu 的 LINE 转座子有 100 万个，名为 SVA 的 LINE 转座子有 3000 个。

LINE 的具体功能在很多方面还不清楚，但是人们普遍认为其在进化中扮演着（或扮演过）非常重要的角色，会将某些特定的基因片段从基因组的一处转移到另一处。这是一种风险很大的机制，但是可以在特殊的环境压力下保证基因响应的灵活性。我会试着向大家解释得清楚些。

遗传学告诉我们复杂的生命形式需要稳定性（从以 RNA 为遗传物质的生命过渡到以 DNA 为遗传物质的生命的过程中），但同时也需要灵活性。灵活性似乎就体现在我们的基因组中存在转座子之类的可动基因这一事实，它们具有将我们的 DNA 序列搅乱的能力。

　　我想重申，在某些特定情况下，灵活性也意味着可能导致严重的问题——这就是为什么我之前说过是有风险的，某些基因疾病（比如血友病或者某些罕见的癌症）就是由于 LINE 转座子的插入毁掉了某些基因的正常功能导致的。

　　对我们而言，幸运的是，LINE 转座子很少会移动，或者说不经常被激活。在上千个 L1 中，实际上只有十几个具有主动修改的能力。

　　如今，据估计每 20 个人中就会出现一起 LINE 转座子逆转录事件。从个体层面上看这个数量还算小，但是考虑到庞大的人口规模，从种群层面上说，这就是一个大规模事件了。

　　逆转座子的另一个大类是"LTR 逆转座子"，这是逆转录病毒诞生的第二个里程碑，即所谓的 LTR（长末端重复，Long Terminal Repeat）序列，位于 pol 基因（以及 gag 和 env 基因）两端的一个区段，并且能够与某些细胞因子结合，激活逆转座子的逆转录。

　　LTR 逆转座子实际上很常见，几乎存在于所有多细胞生物中，蚂蚁、大猩猩、鱼、青蛙、老鼠和鸟类，即便它们不如 LINE 那么普遍，但也具有极高的独特程度与重复程度。令人惊奇的是，在 LTR 序列出现的同时，gag 基因也出现了，想必大家还都记得 gag 基因是所有逆转录病毒都具备的典型基因，这一基因代表着真正的基质或者结缔组织，是自然界中发现的逆转录病毒结构中最常见和最基本的元素。

　　这一切都可以让我得出这样一个结论，具有 LTR、gag 和 pol

基因的 LTR 逆转座子实际上是逆转录病毒，只是缺少第三种基因，即负责生产病毒包膜蛋白质的基因（env），有了它之后便可以搭上传染的列车，开启作为病毒那胆大包天、肆意妄为的一生了。

此时，自然又引出了另一个问题：逆转录病毒只是 LTR 由于某种原因获取了包膜蛋白质，同时还能够离开其所在的细胞并"感染"相邻细胞以自我复制，从而使自己一劳永逸地摆脱宿主 DNA 的囚禁吗？

又或者它们是某种古老的逆转录病毒的残留物？这种古老的逆转录病毒适应了在细胞内的生活并放弃了 env 基因，因为这些古老的逆转录病毒打算留在细胞核中，细胞核中温暖的环境使它们不需要 env 基因。正如其他生物学研究的情况一样，答案也来自对光荣的果蝇——黑腹果蝇的研究。

基因的洗礼

在生物学上，最有趣的事情之一就是科学家给他们发现和描述的基因命名。撇开那些自我吹嘘式的命名情况，比如 p21/WAF 就是 Wafik（瓦菲克）先生用自己的名字命名的，还有那些不合逻辑的名字，比如艾滋病病毒的 nef 基因，之所以这样命名，是因为当时人们觉得这个基因有负面效应（Negative Factor），但实际上这个基因对病毒来说可是有正面效应的，很多基因的命名都是很无聊的，也很难记忆。

在有些情况下，基因会像细菌一样用三个字母的缩写来表示（比如 lac、gal 等），显得无足轻重似的，而其余的情况，尤其是人类基因，会使用更复杂的首字母缩写来命名（IFABP，Intestinal Fatty Acid Binding Protein，肠道脂肪酸结合蛋白，或者 TNFSFM3，Tumor Necrosis Factor Soluble Family Member 3，肿瘤坏死因子可溶性基因族 3 号成员）。

而果蝇（或者其他种类的生物）等很多基因都是根据古典文化或者流行文化用很戏谑的方式命名的。比如，被命名为"cheap date（很好约）"的基因，这个基因会导致人对酒精的过度敏感。还有被命名为"玛土撒拉"[1]的基因（顾名思义，这一基因会帮助人延长寿命）。

还有恐怖基因和收割者基因，这是两种能够诱导细胞死亡的基因，以及梵·高基因（Van Gogh）、哈姆雷特基因（Amleto）、格吕耶尔奶酪基因（Groviera）、乱糟糟头发基因（Spettinato）、卡西莫多基因（Gobbo）、鱼雷基因（Torpedo）、火箭筒基因（Bazooka）、仙人掌基因（Cactus）。

我个人最喜欢的一个基因是 cubitus interruptus 基因（也被称为 Ci 蛋白基因），这种基因能够合成一种参与形成背腹极性的蛋白质，形成背腹极性的过程简单说来就是让鼻子发育在前面，屁股发育到后面，我在前面章节曾经提到过。③

[1] 玛土撒拉是亚当第七代子孙，是最长寿的人。——译者注

关于果蝇的科学：复制与吉卜赛

果蝇体内有两个 LTR 转座子，名为 "copia（复制）" 和 "gipsy（吉卜赛）"，近些年人们对它们进行了深入的研究。有意思的是，这两种转座子属于很经典的 LTR 元件，都具有 gag 基因及 pol 基因。

在 "copia" 逆转座子的 pol 基因中，三种酶的排列顺序首先是蛋白酶，然后是整合酶（这种酶允许逆转录转座子返回细胞 DNA 内部），最后是逆转录酶。

但是在 "gipsy" 逆转座子的 pol 基因中，三种酶的顺序是：蛋白酶、逆转录酶、整合酶。现在，这些细节看似没什么，但其实有决定性意义，因为自然界所有已知的逆转录病毒中的酶促遗传活动的顺序是与 "gipsy" 逆转座子一样的（从来没有与 "copia" 逆转座子相同过！）。因此有人认为，逆转录病毒源自这种类型的逆转座子。简而言之，它们都是 "流浪的吉卜赛人" 的孩子。当 LTR 逆转座子最终增添了 env 基因，它们的基因结构和分子结构就变得与逆转录病毒难以区分开。从这一点来说，逆转录病毒的定义不再是分子层面上的了。当逆转录病毒可以从一个细胞转移到另一个细胞（以及从一个人转到另一个人，如艾滋病病毒），那么可以称其为 "外源性" 或 "自主性" 逆转录病毒。当逆转录病毒作为基因组的一部分被保存在细胞中时，我们称其为 "内源性" 逆转录病毒（Endogenous Retrovirus，ERV）。

那么很明显，尽管人们将逆转录病毒按照所谓的常规思路划分为"外源性"与"自主性"两种，相比于其他种类的病毒（或寄生虫），逆转录病毒（不论是外源性的还是内源性的）与宿主细胞的功能和结构的关系都要更紧密。

由于逆转录病毒与细胞之间存在的这种几乎不可分割的紧密关系，在一些特殊和悲惨的情况下，某些逆转录病毒会从一个绝对平和的房客变成嗜血的杀手，比如艾滋病病毒。让我们把目光重新放回我们身上，我们的身体里面充满了内源性逆转录病毒，并且一直如此，尽管我们几年前才意识到这一事实。根据最新的统计，我们的基因组中有8%～9%的基因是由内源性逆转录病毒构成的，大家可以仔细想一下，这个数字是非常惊人的。④

数十亿

内源性逆转录病毒（ERV）尽管不像LINE那样普遍存在，但是在我们的细胞中没有几千也有几百。

用"血肉之躯"来描述我们身体的本质看起来已经不够准确了，为了描述得更全面，我们把它改成了"肉、骨骼，以及逆转录病毒之身"。我们可以说我们是由逆转录病毒构成的，然后在这里长一块骨头，在那里附着一块肉。但这种说法可能有些夸张了，因为逆转录病毒与基因不同，基因能够编码蛋白质（实际上是肉与骨骼），但是并非所有的逆转录病毒都是活跃的。事实上，仅在分子层面上对ERV进行描述还是远远不够的（只是描述它们是否能合成某种蛋白质）。我们需要在生理层面上对 ERV 进行描述。

由于碎裂或者有缺陷，大多数 ERV 是不能被激活的，也可能因为积累了很多突变，它们具有了"惰性"。这种情况下，无法被激活的或者死亡的 ERV 被称为"记忆"基因或基因化石。通过对它们的分析，能够重建逆转录病毒入侵我们基因组的场景。

换句话说，ERV 很可能在多细胞生物、脊索动物、脊椎动物、哺乳动物、灵长类动物，以及人类进化史中书写了很多重要的章节。我们需要去阅读，去研究。我们按顺序来，先从回答关于 ERV 的生物学问题开始，因为我们始终还没有得到一个令人信服的答案呢。

残骸

栖身于我们基因组中的这一大批艾滋病病毒的近亲和远亲，有很多已经死亡或者被埋葬，但还有很多活得很好，它们的存在对我们来说还是个谜。

我坚信，在逆转录病毒生物学中存在着一个意义深远的核心知识，但是我们尚未触及。我们应当尝试回答一个问题：人类、植物，以及动物在多大程度上需要这些小东西呢？因为时不时地，人类、植物，以及动物就会与这些小东西组成四重奏。

实际上我们仍不清楚。但是近些年的确出现了一些关于 ERV

的本质及其扮演的角色的理论，但是这些理论只说清楚了部分事实。正是因为这个原因，才值得去讨论。

我们回到之前讨论过的使逆转录病毒区别于其他微生物的根本性特征上来，即逆转录病毒是唯一一种为了复制，要在 DNA 层面上与宿主细胞融合的病毒，融合的结果是，逆转录病毒失去了自主生存的能力，变成了内源性逆转录病毒。

内源性逆转录病毒（在人类中称为人类内源性逆转录病毒，Human Endogenous Retroviruses，HERV）尽管不再能够自我复制了，但是依然可以生产特定种类的蛋白质，而这些蛋白质无论来源如何，都是重要的。

可是细胞或者组织为了某些目的会向内源性逆转录病毒去借一些蛋白质，而且借用的方式与其原本的使用方式有区别。结果有好有坏。我们先说说坏结果。

第一个例子就是劳斯肉瘤病毒。不知道大家还有印象吗？这是一种能感染鸡的逆转录病毒，具有一种特定的蛋白质（称为 Src），能够诱导细胞肿瘤化（也正是因为这一原因，这类基因被称为"癌基因"）。在能够引发肿瘤的逆转录病毒中，有能够引发猫白血病的病毒，有能够引发老鼠乳腺癌的 MMTV，有能够引发绵羊肺部肿瘤的 Jaagsiekte 病毒，还有含 tax 基因的会诱发罕见的人类白血病的 HTLV-1。但是最后一种逆转录病毒实际上是一种"外源性"逆转录病毒，也就是说，它是从外部感染个体，而且从未"内源化"（从种群层面上说，它还没有把自己的 DNA 插入人类基因组）。

幸运的是，目前已知的所有 HERV 都不编码具有致癌活性的蛋白质，这已经是一个让我们放心的理由了。事实上，唯一具有风险因素的 HERV 就是 HERV-K，在我们的基因组中的数量不超过 60 对（以及大约 2 500 个孤立的 LTR 序列），并且能够合成一对辅助蛋白，其中一种叫 Reced，与艾滋病病毒的 rev 基因很相似，而另一种，我们称之为 Np9。[⑤]

一种关于癌症的假设

关于 Rec(Reced) 及 Np9 致癌的激烈争论已经持续了好多年，至今也没有令人信服的结论。多个研究表明在特定的实验模式下，Rec 和 Np9 都具有某些介导作用，在细胞生物层面上表现为将一个原本正常的细胞转化为肿瘤细胞。

事实上，尽管这种争论在科学上很有趣，但在我们的讨论中并不是很重要，正如我们之前已经提到过的，不管是否有能力产生直接的致癌因子，逆转录病毒是有致癌作用的。

那么，我们把这种致癌作用归因于什么呢？归因于一个众人皆知的对宿主机体具有破坏性的事件，即逆转录病毒将自己的基因注入宿主基因组的能力。以人类为例，就拿 HERV 来说吧，HERV 可以通过将自己插入到某个位置来"关闭"一个对抗肿瘤生成的基因（比如 p53）或者"激活"某个致癌基因从而引发癌症。

这并不是 HERV 独有的，而是适用于所有转座子元件，不论是 DNA 还是 RNA，也不论是否含有 LTR 区段。无论如何，关于

HERV（尤其是 HERV-K）与癌症之间的关系的争论还是会继续下去。

源自内源性逆转录病毒的 RNA 与某些人类肿瘤（比如某些淋巴瘤和乳腺癌）的形成是有明确关联的。在这种情况下，通常病变组织中不仅具有很高含量的逆转录病毒 RNA，还具有"逆转录"类型的酶活性以及源自 HERV 的蛋白质。当采取化疗或者放疗手段时，这些激活现象会消失或者减少，这才是我们更感兴趣的点。

这些都是很有研究价值的实验数据，但是正如生物学中经常发生的那样，发现事物之间有关联并不代表它们之间存在因果关系。我们都知道，不论哪里失火都可能会看到消防车，但是火并不是消防员放的。

就激活 HERV 而言，有可能激活这个行为本身导致疾病，但是相反的假设也是成立的，即正是与致癌相关的基因的不稳定导致了 HERV 的复制，否则 HERV 不会处于激活状态。换句话说，这些内源性逆转录病毒利用肿瘤这一媒介离开宿主 DNA，出去散了散步。

一直都是无害的，直到出现反例

与 HERV 的存在和激活相关的另外一种情形就是自身免疫，这可能会对宿主的健康造成很大威胁。现在我们都知道免疫系统是人体与环境之间的一道重要屏障。在有些情况下，我们的免疫军队出了问题，将枪口对准自己的细胞或者组织，而不是外来的微生物。这种情况不多见，但是对宿主的健康危害极大，我们称之为"自身免疫性疾病"。

认为激活内源性逆转录病毒或者激活其蛋白质会引起自身免疫性疾病的这一观点是很明确的。免疫系统必须要能够识别出哪些是"自己人"（不能把枪口对准"自己人"），哪些是"入侵者"（枪口要对准它们，要彻底消灭它们）。

现在科学界认为逆转录病毒的激活能够产生抗原，即可以被 T 淋巴细胞与 B 淋巴细胞识别为异物的物质，因此可以触发免疫反应。在提到与内源性逆转录病毒相关的疾病时，人们会想到类风湿性关节炎、系统性红斑狼疮、干燥综合征（一种罕见的唾液腺疾病，会导致持续而令人烦躁的口渴[1]），以及其他很多种疾病。

上述理论的价值在于一个很具体的事实：人们已经多次观察到 HERV 在受到外部环境刺激，比如紫外线或某些化学合成物的刺激之后会被激活。但是，目前收集的所有实验数据都还不能瓦解人们质疑的高墙——确切地说，在科学界，每一个新想法在提出后都会面对这样的一面墙。⑥

如果 ERV 和 HERV 真的会在某些情况下引发癌症或者自身免疫性疾病，那么即便是那些执着地认为 ERV 和 HERV 是无害的人

---

[1] 患者除了有唾液腺和泪腺受损功能下降而出现口干、眼干的症状外，还有其他外分泌腺及腺体外其他器官的受损而出现多系统损害的症状。——译者注

也很难不在事实面前低头。事实上，大多数情况下 ERV 都被证明是无害的，因为 ERV 一旦在生物学上被认定为死亡，那么它们根本就不能再生产 RNA 或蛋白质了。

生命的源头

在过去的 10 年里，对内源性逆转录病毒的研究取得了惊人的成果，内源性逆转录病毒虽然是 HIV 的表亲，但是它们并不是我们的敌人，而是我们的盟友。实际上，它们可以介导一系列细胞和生理功能，这些功能对于维持身体正常运转绝对是必不可少的。当然，长期以来内源性逆转录病毒一直备受谴责：首先它们被认定为癌症的诱因；其次它们是 HIV 的表亲，而 HIV 会引发严重的传染病。但是最终人们发现，实际上内源性逆转录病毒的很多功能都发挥着积极的作用。换言之，HERV 能够介导某些细胞和生理的功能，对于维持机体正常运转是至关重要的，在人类认知的逆转录病毒的世界里，这些新发现无异于掀起了一场哥白尼式的革命。

接下来大家就会读到，内源性逆转录病毒的作用包括增加基因组成的可塑性，放大某些具有抗肿瘤活性的基因的功能，保证每个染色体末端的 DNA 区域（称为端粒，telomeri，源自希腊语 télos，意为远）的完整，这对于抵抗细胞衰老至关重要。

但是，内源性逆转录病毒最重要的作用之一是产生了与哺乳动物繁殖有关的胎盘，这是哺乳动物与其他动物差异最大的地方。实际上正是胎盘在胎儿与母体之间创造了一种非常精细复杂的共生关系，才孕育出了令人难以置信的迷人的生命形式，才有了我们。

男女两性交合孕育生命的背后是内源性逆转录病毒造就的生物学奇迹。

这就是为什么本书取名为"有益的病毒"，接下来就让我为大家做更详细的介绍吧。

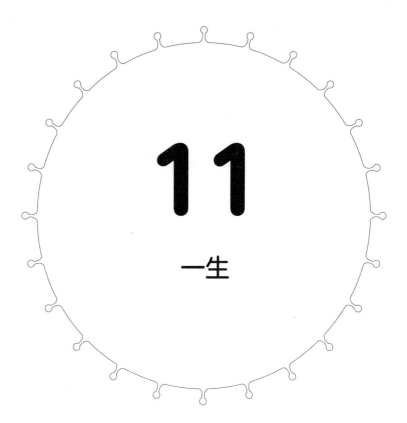

11

一生

童话般的风景

　　在 1 月底一个晴朗的下午，我在萨嫩火车站的站台上停下来欣赏伯尔尼州美丽的景色，萨嫩这座地处阿尔卑斯的小城刚刚举行完瑞士传染病协会的年会。

　　阿尔卑斯的风景实在是美得难以形容，陡峭的山峰与蓝天融为一体，山峰上的积雪与针叶林的绿色交相辉映。山上修建了很多木屋，山民的生活很简单，他们饲养奶牛、自制奶酪，即便好莱坞的大明星就在东边几公里外的格斯塔德滑雪，他们也完全不会理会。黄金列车的汽笛声打断了我对田园生活的遐想，这是全景观火车，它的运行线路穿越阿尔卑斯山脉，连接日内瓦和苏黎世，途经洛桑和伯尔尼。我登上火车，坐在靠窗的位置。一站路之后，上来了两位衣着体面的老人，看起来像是夫妻。两个人各拿着一本扑克游戏手册认真读着，我很好奇，便和他们攀谈了起来。我得知面前的这对博文夫妇时不时会去蒙特勒的赌场畅玩一把，作为周末的消遣。他们两位赌博的原因很简单：他们就想体验这种荷官发牌、玩家的输赢完全随机的游戏所带来的快乐。

　　博文太太跟我说，最近几年德州扑克很流行，它比传统的扑克更有意思：玩家会得到两张底牌，他们会将两张底牌与另外的五张公共牌进行组合，挑出最大的五张牌，与其他玩家比大小，玩家希望自己手中的组合更大，因为那样才能赢下奖金。

听了她的讲解，我觉得逆转录病毒在人类基因组中的活动，在某种意义上来说也和赌博很相似——不断把牌重组，期望得到最大的点数。

抵达蒙特勒火车站，博文夫妇下车并微笑着向我告别，我继续前往日内瓦，在那里我将搭乘航班回家。

谁写了这个故事

从人类染色体中存在大量逆转录病毒DNA插入的情况看，人类的基因组实际上也是非常喜欢赌博的。但不同于陀思妥耶夫斯基的小说《赌徒》中的主人公阿列克谢·伊万诺维奇及那些输光家底的无名赌徒，脊椎动物的基因组在与逆转录病毒的赌博中还是赢了很多次的，毕竟在这个星球上生活着的脊椎动物，无论是物种还是个体数量，都相当庞大。

事实上我刚刚写的这个评估是简化了的，是一个受所谓的"选择性偏差"（selection bias）影响了的评估，因为那些导致个体不能存活，即胚胎死亡的逆转录病毒插入和转录都未纳入这一评估范围。

换言之，我们听不到鸟鸣不代表鸟没有生出来。[①]如果我们考虑到逆转录病毒的影响远不止对既有基因功能调整的时好时坏的随机作用，那么情况会变得更复杂。现今提出的所有理论都是基于这样的一个概念，ERV能够为DNA带来结构上的改变，从而优化基因组的功能，但是生物学家并未对此达成一致。

根据其中的一个经典理论，逆转录病毒的插入通常发生在基因组不活跃的区段，在这些区段引起DNA结构上的改变，从而优化所涉及的基因的使用，有时是通过较容易获得的启动子，启动子是更容易受转录因子影响的调控元件（正因此它们被称为"启动子"），有时是通过基因复制的扩散现象，这使得基因的功能受到保护并且在受保护的基因周围更容易形成新的等位基因。

另一个好处就是我们之前提到过的"端粒保护"，端粒就是染色体的末端部位，DNA双螺旋结构会在端粒处断开。大家可以想象，从生化角度来看，端粒是很脆弱的点，在遭遇威胁或感受到压力的时候，它很容易受影响，因为很容易受到破坏。

在每一次细胞分裂时，DNA上某个特定区段会出现一种很复杂的复制现象，这种现象会对端粒形成保护，而且上述特定区段会形成很多副本，它们在端粒酶的作用下一个接一个首尾相接，端粒酶就像逆转录病毒的逆转录酶一样，能从自身的RNA出发制造新的DNA。

在所有内源性逆转录病毒能够带来的好处中，有一个好处是最明显的，那就是向宿主提供一些基因，这些基因可以为宿主的机体提供很多必备蛋白质。最经典的例子就是合胞素，这是一种调控胎盘功能的蛋白质，正是因为有了胎盘，哺乳动物和这个星球上其他的生物都不同了。

我们的祖先

事实上并非所有哺乳动物都是胎盘类。在胎盘类哺乳动物出现之前，哺乳动物总共进化出了两种繁殖机制：一种是像鸟类一样在体内受精卵生（这类动物我们称为单孔目哺乳动物），另一种是使用育儿袋（有袋类哺乳动物）。从更严格的进化角度来看，所有的哺乳动物拥有一个共同的祖先，之后沿着不同的路径进化出了单孔目、有袋类，以及胎盘类。

单孔目哺乳动物是很罕见的，主要分布在澳大利亚和新几内亚，只有两种动物属于单孔目：鸭嘴兽和针鼹。"单孔目"意为这种动物的尿道、肛门、产道三合一，我们称其为"泄殖腔"。

现在，单孔目哺乳动物特别是鸭嘴兽是很怪异的动物，应该是无可争议的了。它们那显而易见的奇特之处，比如会下蛋，长着鸭子一样的嘴巴，很难不引起人们的注意，他们还会带着某种自得讨论这些怪异的特点。[2]

事实上，单孔目哺乳动物有很多特征与胎盘类哺乳动物很相似：身体表面覆盖着毛发，有独立的下颌骨，中耳由三块骨头组成，基础代谢率相对很高。

在生殖方面，单孔目还是跟其他哺乳动物很像的：会孵一段时间的蛋，但是不同于爬行类和鸟类，单孔目哺乳动物的乳腺会泌乳，就像胎生动物一样，它们用乳汁喂养幼崽直到断奶。

在之后的进化历程中，哺乳动物的祖先尝试了一种新的系统，这次形式更加复杂，它们的子孙不会在体外（在卵中）发育，而是在出生后就被安置在育儿袋中，育儿袋长在雌性腹部，幼崽在育儿袋里面汲取营养，顺利成长，也能躲过天敌（大家脑中一定会出现这样的画面：一个袋鼠幼崽跳进袋鼠妈妈的育儿袋里）。

这种进化在一定意义上是很成功的，现存有袋类的种群数量及种群密度可以说明这一点，它们相比于单孔目在进化上更成功，但是没有胎盘类哺乳动物成功。有一个现象很有意思，绝大部分有袋类都生活在澳大利亚，那里的哺乳动物主要是有袋类。该如何解释这种现象呢？主流观点是地理隔离阻碍了胎盘类哺乳动物的到来，它们相较于单孔目和有袋类出现得更晚。在这绝妙的隔绝环境中，有袋类表现出了非凡的生物多样性，其物种的表型与生理特征与胎盘类哺乳动物很相似，但是它们却具有典型的有袋类哺乳动物的繁殖特征。我们以袋鼬为例，袋鼬在宠物界很受欢迎，虽然它们看上去与我们在街角上随处可见的老鼠很像，但是袋鼬其实是袋鼠的近亲。

第三种出现的哺乳动物是胎盘类哺乳动物，虽然相较于前两种哺乳动物更晚登上进化这趟列车，但是却展现了很强的适应性与多样性，使得它们在动物王国中处于独一无二的地位，或许只有昆虫能与之匹敌吧。

大象、蝙蝠、鲸鱼、松鼠、奶牛、海豚、猴子、狮子、长颈鹿、海豹，所有这些动物都具有全新的革命性的繁殖机制，这完全要归功于一种新的器官的产生，它可以让母体与胎儿以一种全新的模式实现物质交换和互动，这个新的器官就是胎盘。

亲密的对话

胎盘是胎儿的起源器官，结构复杂，它的出现使得胎儿可以在母体中发育。从进化的角度来看，胎盘大概出现在 1 亿～1.1 亿年前，这看起来很长，但是在古生物学上，实际上是很短的时间。

不同种类的哺乳动物的胎盘在解剖学上和组织学上有所不同，但是所有胎盘都具有四个最基本的功能：哺育、呼吸、免疫，以及内分泌。前三种功能是为了保证胎儿的发育，使胎儿通过胎盘获取母体血液中的营养物质和氧气并释放二氧化碳，同时使母体的免疫能够不排斥胎儿，理论上胎儿是应该像其他外来器官一样受到排斥的。[3]

胎盘的内分泌功能其实是针对母体的，在妊娠期，母体会根据接收到的胎盘分泌的激素信息来改变自身的生理状态，比如为哺乳做准备。

从分子生物学的角度来看，胎盘这个器官有着巨大的意义，即便是大家对胎盘的研究并不多，很多地方尚不清楚。大部分用于构成胎盘的基因都不是新的，即并不是与胎盘同时进化出来的，而是之前就已经存在，这些基因的功能以某种方式重新适应，或者再次循环，形成了胎盘。

　　我们并不清楚这一切是如何发生的，因为最早拥有胎盘结构的哺乳动物可以追溯到大约 1.1 亿年前，而它们都已经灭绝了，我们无法对其进行研究。但是有一件事是清楚的：胎盘比我们身体中任何一个器官都更依赖于内源性逆转录病毒（ERV）的存在与表达。

　　那些帮助胎盘发育的逆转录病毒实际上是带有典型的 LTR-gag-pol 序列（但没有包膜）的逆转录转座子，这些逆转录转座子控制宿主机体胎盘基因的表达。由于转座子具有机动性，能够以较为激烈的方式进化，这就可以解释为什么宿主机体可以如此快速进化。[④]

　　在那些源自逆转录病毒并且控制胎盘形成的基因中，有一些似乎会引起母体的免疫耐受，并且干扰潜在的病毒感染。这种现象很有意思，值得多说几句。

抵御病毒的病毒

　　我们早就知道胎盘具有抗炎性了，所以这并不值得大惊小怪，要是胎盘没有这样的功能，母体就会像排斥移植的器官一样排斥胎儿。真正让我们好奇的是，免疫调节的一部分任务委托给了内源性逆转录病毒。

　　我假定所有读者都能够明白我接下来所做的这个同艾滋病的类比。大家知道逆转录病毒 HIV（外源性，但具有与内源性逆转录病毒相同的基本结构）会引发免疫缺陷，让宿主不具备针对任何一种感染的免疫力，妊娠其实是某些逆转录病毒在母体内做了和 HIV 相似的事情，我们可以说它是一种临时的、局部发生的"小艾滋病"，只是在这种情况下，胎儿可以借此存活。

我意识到参照前面我曾批判过的道德评价标准，做这种类比会招来骂声，但这似乎是科学观察的结果。

有些学者也提出另外的假设，逆转录病毒以及胎盘的逆转座子可能先保护胚胎，之后保护胎儿免受母体中其他病毒的影响。

但是，有一件事我们是清楚的：人体充满了完全无害的病毒，在科学界甚至有人根据我们已经研究得很清楚的肠道菌群提出"病毒群落"的概念。事实上这些数量惊人的共生病毒直到现在才引起我们的重视，我们才开始研究它们的复杂性。它们躲在细胞后面，就像居住在我们家里的数百只蚊子、螨虫，以及小蜘蛛一样，几乎不为我们所注意。

我们回到胎盘的话题上来，妊娠期间会伴有连续的大规模的细胞分化，这对于形成新的机体是必要的，但是此时胚胎细胞受到病毒感染的风险很高，甚至很多对成年人来说无害的病毒也能够危害到胚胎细胞。⑤有一种假说认为，正是那些源自逆转录病毒的 RNA 阻止了病毒的复制，从而保护胎儿免受潜在的致命感染。这一理论既有挑衅性，又引人深思，就像我们前面提到的逆转录病毒能够诱导免疫调节一样，病毒再一次改变了我们的传统认知，让我们知道自然现象不只是简单的"有益"与"有害"。

在逆转录病毒为胎盘发育做出的所有贡献中，最重要的就是形成了合体滋养层，这是通过选择一种源自逆转录病毒的蛋白质实现的，这种蛋白质与艾滋病病毒的包膜非常相似，名叫合胞体。

对边境的管控

合体滋养层，具有复杂的多细胞结构，是胎盘不可或缺的一部分，在妊娠开始时形成。合体滋养层与细胞滋养层共同组成了滋养层，滋养层具有两个很重要的任务，但两个任务的意义截然相反。

一方面，滋养层必须允许母体与胎儿之间保持联系，以便交换胎儿发育必备的营养物质、代谢物质，以及气体；另一方面，它必须保证胎儿组织远离母体免疫系统。大自然设计的解决办法非常独特，就是让数百万的细胞彼此融合，形成一个处在同一细胞膜内的巨大的细胞结构。

很多大家能想到的组织都是由单细胞组成的，比如肝脏、大脑、皮肤、眼睛。但是骨骼肌是个例外，骨骼肌细胞彼此之间部分融合以保证肌肉在神经刺激下的协调运动。

换言之，在胎盘类哺乳动物祖先的基因组中不存在（或者只少量存在）这样的基因，能够编码出让两个或者多个细胞有效可靠地进行融合的蛋白质。

为了得到这一进化结果，一些源自逆转录病毒的蛋白质被召集了起来，即合胞体蛋白质。老鼠体内被发现有两种合胞体蛋白质，合胞体蛋白质－A 和合胞体蛋白质－B，在合体滋养层的不同区域表达。不同于人类的是，这种啮齿动物的合体滋养层具有双层结构而非单层结构。

合胞体蛋白质－A 直接负责细胞融合，其分子结构与 HIV-1 的包膜蛋白类似。大家可能还记得，这种蛋白质结构与免疫细胞表面的两种受体（CD4 和 CCR5）结合，开启融合和进入的过程：HIV 的外膜会伸出像仙人掌的刺一样的包膜蛋白，与 CD4+T 细胞的外膜结合，从这一刻起，细胞就被病毒感染了。

在有些情况下，包膜蛋白的融合特性可以让两个细胞彼此融合，成为一个真正的合胞体。当病毒直接从一个被感染细胞转移到另一个被感染细胞，两个细胞膜会彼此融合，这就是病毒转移留下的痕迹。

胎盘中的合体滋养层的情况与上述情况很像，但是媒介不再是病毒，而是一种孤立的逆转录病毒蛋白质，这种蛋白不是与 CD4 或 CCR5 分子结合，而是识别一种被称为 RD114 的分子（或更恰当地说是"哺乳动物内源性 D 型逆转录病毒受体"，或"钠离子依赖性中性氨基酸转运载体 2 型"，SLC1A5）。

在这种情况下，有一个很重要的因素是"胎盘层面上表达的特异性"——一种认为合胞体只会在胎盘这一高度特化的组织中产生并表达的夸大的说法。从本质上说，要想形成合体滋养层，合胞体对细胞而言是有用的，且非常必要。但在其他器官和组织中，就可能是危险的。

一直都存在吗?

胎盘类哺乳动物会利用一种源自逆转录病毒的蛋白质发育出胎盘的重要组成部分,说明我们的命运与逆转录病毒的命运是息息相关的。

鉴于此,不可避免出现了一个问题。从育儿袋过渡到胎盘的过程中,合胞体真的是必需的吗,还是说起初是另外一种负责细胞融合的蛋白质在做着合胞体蛋白质的工作,之后合胞体蛋白质取而代之,因为它更高效?

最后一种情况,可以用汽车做类比,胎盘就像现在的汽车需要电子火花塞的电火花引燃可燃混合气一样需要合胞体,因为相比于压燃点火,火花塞点火更方便。在逆转录病毒的合胞体出现在哺乳动物体内之前,是否已经存在一种功能性胎盘,就像电子火花塞问世之前汽车已经在路上跑了?对这一点,目前我们还不得而知,但是人类合胞体与老鼠合胞体的对比研究结果或许可以给我们提供有用的信息。

里卡多·穆蒂与乌贼

生物学与生理学最有意思的地方就是能够看到不同生物为了解决相同的问题会采取很多不同的方案。

比如说飞翔,这是一种比步行和爬行更高效的运动方式。如果人类能够飞行，那么"9·11事件"就不会造成那么严重的人员伤亡了，从这一点就能看出飞行相较于另外两种运动方式的明显优势。昆虫或许是世界上最早学会飞行的动物，飞行的昆虫发明了能够满足飞行这一目的的腿与翅膀，身体结构也与爬行跳跃的昆虫典型的六腿结构截然不同。

几百万年后，有一类恐龙重新塑造了翅膀，它们是鸟类的祖先，但是它们显然没有昆虫有创意，或许是为了节省吧。鸟类为了能拥有翅膀牺牲了自己的前肢，变成了双足形态，前肢和趾退化，并覆盖上了羽毛。

几百万年后，蝙蝠也重新塑造了翅膀，这一次是在前肢五指末端长出了延展性非常好的薄膜。

100多年前人类也能够飞行了，但是是以间接的方式，得益于我们高度发达的大脑，我们可以制造飞机、直升机、飞艇等飞行装置，它们靠发动机驱动。⑥

飞行是一种复杂的宏观功能。如果我们把目光放到细胞这样的微观尺度上，会发现不同的生物体在结构上大致类似。事实上，乌贼的神经元与里卡多·穆蒂[1]的神经元并没差多少（不过穆蒂大师并不知道乌贼的神经元比他的神经元要长，这样挺好的）。如果我们继续缩小到分子尺度上来观察，上述那个类比可能就会变得更无聊了。

像肌动蛋白、肌球蛋白这两种用来收缩肌肉的经典结构蛋白，

---

[1] 著名意大利指挥家，当今国际乐坛最负盛名的指挥大师之一。——编者注

不管是在蜘蛛体内、蜥蜴体内还是在马拉多纳体内，大致都是相同的。而酶及所谓的管家基因，对所有细胞都执行相同的任务。大自然选择了保守主义，如果一个分子工作得很好，那就没必要对它进行改造。

　　然而，当仔细研究老鼠（A 和 B）与人类（1 和 2）的合胞体结构之后，我们发现它们来源于两种完全不同的逆转录病毒（图 11.1 ）。⑦

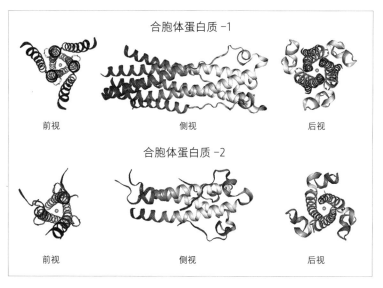

图 11.1　合胞体蛋白质

　　近期人们发现老鼠的其他近亲，比如大家鼠、仓鼠，它们的合胞体与老鼠的非常相似，而兔子，不是啮齿动物，属于兔形目，具有一种与人类和老鼠都不相同的特殊合胞体蛋白质。仔细想想，这是相当神奇的。

胎盘类哺乳动物并非都利用了同一种逆转录病毒来保证胎盘功能，毫不夸张地说，这一功能可以看作是其生物学的精髓。迄今为止的研究表明，为了获得这一功能，至少有三个物种曾经利用过三种不同的逆转录病毒。

从这一点出发，我们就能想象到一个很科幻的场景，由于某种未知的原因，在哺乳动物物种形成过程中曾经发生过一场大规模的逆转录病毒入侵，某些病毒就此内化了，它们保持着活性，留下了 env 蛋白（现在称为合胞体蛋白质）作为原始感染的遗留物。由此而来的想法是，不同种的逆转录病毒对不同种类的哺乳动物做了同样的事。

当然我很好奇，在未来几年内，在其他动物体内分离出的合胞体是否能证明它们也利用了逆转录病毒来完善自己，或者是否能发现很多哺乳动物依靠同种逆转录病毒来解决相同的问题。

敌对而共存

人类、老鼠，以及兔子的合胞体来自不同种类的逆转录病毒，并不意味着它们对 1.1 亿~1 亿年前的早期哺乳动物胎盘中形成合体滋养层起到了决定性的作用，那时啮齿动物与灵长类动物还没分化。

从合胞体的相对进化类型来看，它们都是在 2 500 万~2 000 万

年前进入到人类、老鼠和兔子的基因组的。在这一点上，有两种
可能。

第一种可能就是在合胞体出现之前，有另外一种我们目前还
不知道的细胞分子代为执行它们的工作，这种细胞分子之后失去
了活性，又或许被从我们的基因组中删掉了。第二种可能是，在
现在啮齿类和灵长类体内的合胞体出现之前，存在另外一种合胞
体，准确地说，另外一种源自逆转录病毒的 env 分子，能够在早
期的哺乳动物的胎盘中从事融合细胞的工作。

在后来的进化过程中，原始的逆转录病毒的 env 蛋白被能够
更好地完成相同工作的蛋白质替换掉了，比如那些现在还活跃的
蛋白，即我们所说的合胞体。

我认为，既然我们已经发现了许多合胞素，而那些能很好地
完成调节合体滋养层细胞融合工作的细胞蛋白，现在连个影子都
见不到，那么一种偏机会主义的解释就是：胎盘的出现，应归功
于我们的好朋友逆转录病毒。这种学术性的推想还没有定论，不
过逆转录病毒既有毁灭性的能力，比如艾滋病病毒，又能够在宿
主机体的完善过程中扮演至关重要的角色，这一点是无可争议的。

我相信没有一个例子可以比一种相当有趣的绵羊逆转录病毒
更能说明逆转录病毒有利有弊的本质了，这就是绵羊肺腺瘤病毒
（Jaagsiekte Sheep Retrovirus，JSRV）。

克隆羊多莉不是老死的

2003 年半个地球的报纸都报道了同一个消息：历史上著名的绵羊多莉死掉了。

6 年前，确切地说是 1997 年 2 月 23 日，英国宣告，世界上首个克隆动物多莉诞生了。这只绵羊并不是精卵结合的产物，而是科学家将一枚从成熟细胞中取出来的细胞核，移植到去除细胞核的卵细胞中得到的人工产物。⑧

大家可能还记得当时克隆羊多莉的诞生引发了巨大的争论，特别是关于生物伦理方面的争论，人们担心某一天克隆人会诞生。

事实上克隆羊多莉之父，爱丁堡罗斯林研究所的伊恩·维尔穆特当时只是想找到一种更好的家畜繁育办法，他曾经和同事说，没想到会取得如此惊人的结果。

克隆羊多莉仅仅活了 6 年就死了，而通常绵羊的寿命是 10 ~ 15 年，很多人因此认为克隆动物可能"不正常"，它们无法像正常动物那样生存，而且这些异常正是因为它们是被克隆出来的。

事实上克隆羊多莉死于一种在苏格兰以及南非很常见的疾病，"绵羊肺腺癌"，一种肺癌。这种疾病的典型症状就是呼吸急促，仿佛后面有狼追一样。在南非布尔人的语言里"被追着跑的羊"被称为 jaagsiekte，因此让克隆羊多莉患病的病毒叫作 Jaagsiekte Sheep Retrovirus（绵羊肺腺瘤病毒，简称 JSRV）。

我们已经知道逆转录病毒引发癌症并不是什么新鲜事了。

JSRV 是一种很常见的病毒，具有 gag、pol、env 基因，以及一些辅助基因。而其能够致癌几乎全是因为 env 基因，这一事实很有意思，但并不叫人奇怪。

但是当人们发现有 27 对内源性逆转录病毒完美整合在大部分种类的绵羊基因里，而且与 JSRV 的基因序列高度相似的时候，情况变得复杂起来。这些内源性逆转录病毒因此被定义为内生 JSRV，或者 EnJSRV。

27 对内源性逆转录病毒中只有 5 对可以工作，即生产出了与 JSRV 的蛋白质相似的蛋白质。这里我们将看到这一类逆转录病毒惊人的一面。首先我们观察到只有不具备 EnJSRV 的绵羊才会患上绵羊肺腺癌，而具有 EnJSRV 的绵羊则不会，这要归功于一种名为"干扰"的经典病毒学现象。

其次我们观察到 EnJSRV 的蛋白，特别是包膜蛋白——与那些致癌蛋白相似的蛋白，也会在绵羊胎盘中表达，这意味着很有可能这些蛋白在保持滋养层的功能方面扮演着重要的角色。

重新梳理克隆羊多莉的故事，回顾它所患上的这种症状表现为像是被狼追着跑而喘粗气的肺部疾病，我们发现，这其实是关于逆转录病毒的故事。这种病毒一旦内化到绵羊的基因组中，就具有了重要的生理功能，还会保护绵羊免受它们仍然野生的表亲 JSRV 的感染，从而不会患上致命的绵羊肺腺癌。

我觉得在生物学中找到这么鲜明的例子也不是件容易的事情，这个例子说明，仅仅是细微的基因差别，就能让逆转录病毒从敌人变成朋友。

进化的三个阶段

对内源性逆转录病毒组成的神秘世界进行探索之后得到的惊喜还不止于此。在比较遗传学的研究中，我们将许多动物（有些亲缘关系甚至很远）的基因组做比较，从单细胞动物开始，然后是逐渐复杂的生物，从水母、蠕虫、软体动物、昆虫到鱼类、爬行动物、鸟类等，我们注意到逆转录病毒的几次大规模入侵时间与脊椎动物出现的时间吻合，与胎盘类哺乳动物出现的时间吻合，与灵长类动物出现的时间吻合。[⑨]

脊椎动物在寒武纪生命大爆发时出现在地球上，这差不多发生在 5 亿 2 000 万年前。寒武纪生命大爆发一直是古生物学和地质学上的一大悬案，地球上现存的很多动植物都是在那个时候出现的。

2 亿 5 000 万年前，发生了二叠纪到三叠纪大灭绝，原因也是未知的，这次大灭绝造成了 80% 的物种灭绝。在经历了这场浩劫之后，脊椎动物花费了大约 3 000 万年的时间来恢复元气。

2 亿 3 000 万～6 500 万年前这一阶段，世界是由恐龙统治的，但它们在白垩纪到古近纪大灭绝期间大量消失，一些研究认为这次大灭绝是一颗小行星撞击地球造成的。在恐龙漫长的统治时期，大约 1 亿 1 000 万年前时，胎盘出现在一群哺乳动物身上，它们最直系的后代是非洲兽目，其中包括很多种动物，比如大象、鼩鼱、穿山甲、鼹鼠和“美人鱼”，也就是儒艮和海牛，它们是栖息在非洲、澳大利亚和美洲河口地区的水生哺乳动物，行动缓慢，体态庄严。

我们人类和世界上所有的猴子、猩猩都是从灵长类动物进化而来，它最早的代表是一种名为更猴（Plesiadapis）的小动物，现今已经灭绝了，其化石可以追溯到 5 800 万 ~5 500 万年前。

根据 DNA 图谱分析可知，灵长类动物和已经存在的胎盘类哺乳动物的分化发生在大约 6 500 万年前，这与恐龙的灭绝时间相吻合。由此我们可以提出一个有趣而又冒险的假设，就是杀死恐龙的那个小行星也为地球带来了一批逆转录病毒，这些病毒进入一群哺乳动物的基因组里，对灵长类动物的进化起到了至关重要的作用。

除了这些有些冒险的假设之外，还有一件令我很感兴趣的事：人类起源前的三个重要进化阶段（首先是脊椎动物的出现，其次是胎盘类哺乳动物的出现，最后是灵长类动物的出现），都伴随着大量的逆转录病毒整合进基因组中。

现在该是说出惊人的结论的时候了：逆转录病毒可以成为人类最好的伙伴。我们可以将它们用作基因疗法和疫苗接种的载体，我会在下一章中为大家做详细的介绍。

12

最后一顿晚饭和第一顿早饭

有益的病毒：社会的隐喻？

可以身处错误中，但不要身处疑惑中。

——汉弗莱·尼尔

事物的力量

有一句俗语，赐予我力量，去改变我所能够改变的；赐予我勇气，去接受我不能改变的；并赐予我智慧，去分辨这两者。①

上述做法适用于生活的很多方面，比如交通拥堵时我们如何选择合适的路线去上班，还比如经历了 20 年的婚姻生活之后，突然发现伴侣身上有无法忍受的缺点时要怎么办。

实际上在医学领域，进退两难的局面就像我们每天吃的面包一样常见，影响着很多方面。当面对一位癌症晚期患者时，我们站在医生的角度去考虑问题，既要尽量减轻患者的痛苦，又要给予患者足够的心理支持，那么到底是该继续化疗，还是该停止化疗呢？在社会层面上也同样会出现这样进退两难的局面，比如在西方国家吸毒引发了严重的传染病，目前为止能用的干预手段都用上了，包括发动所谓的毒品战争，但收效甚微，那么我们到底该采取什么手段呢？

是应该继续将吸食毒品视为非法，还是接受毒品的存在以及有人吸食毒品这一事实，继而想办法通过教育和说服手段对毒品实施管控？很难说上述做法哪种更好。重要的是，对于哪些事情可以改变，哪些可以试着去改变，哪些只能选择接受的判断，应当基于对当下现状及知识的清晰合理的分析，可这样还远远不够。因为如果最初的判断所依据的事实或知识发生了变化或者被发现是错误的，那么对当下现状的分析是需要修正的，甚至可以以某种激进的方式修正。

无法改变的事

在科学领域，每周都会有人提出新的假说或者有新的发现，在临床医学领域也一样，人们会依据从基础科学中得到的概念和想法改变原来的认知与态度，我们之前讨论过的例子在临床医学领域都是很普遍的。接下来我会以基因疾病为例来做具体阐述。很多年以前，当我还是名医学生的时候，很多基因缺陷导致的疾病都被认为是没法改变的，人们认为基因缺陷就像是刻在人体上的痕迹，根本没法擦除。

当然，并不是说当时没有治疗措施，比如苯丙酮尿症，这是一种基因缺陷导致的代谢病，可以在幼儿时期通过减少苯丙氨酸的摄取来减轻疾病的严重程度。过去很多基因疾病都是通过药物来对基因缺陷导致的生理机制进行干预，从而进行治疗，现在也仍然如此。这些治疗手段提高了患者的生活质量，虽然"致病"基因仍然存在。在最近的 20 年里，得益于对人类基因组的深入研究，人们开始考虑从根源上治疗基因疾病。在世纪之交，伴随着分子生物学的蓬勃发展，这些基因疾病（或说至少部分疾病）都可以根据相同的思路从根源上治愈，即用健康的基因去替代致病基因。换言之，基因治疗诞生了。

自变量

基因疾病是人类病理学中极其复杂的一个部分。首先，不存在完全 "与基因无关的" 疾病，从某种意义上说，我们的基因结构，即我们体内的 60 亿个含氮碱基组成的独一无二的 DNA 序列，会影响任何可观察到的临床现象，从阿尔茨海默病到癌症，从糖尿病到心脏病，甚至是最常见的感冒也不例外。

环境因素导致一个人患病的典型例子就是艾滋病。尽管艾滋病的诱因是 "非遗传性的"，但有些基因（比如人类白细胞抗原的 B27 和 B57）与感染 HIV-1 之后的有效预后有关，而另一些基因则与不良预后有关。

由基因因素主导的疾病，我们称为 "基因疾病"。进一步细分又可以分为 "多基因遗传病" 和 "单基因遗传病"，前一种基因疾病涉及多个基因，并且这些基因以非常复杂的方式相互作用，后一种基因疾病的每种症状都可以追溯到某个单独基因的缺陷。

我们很容易明白为什么基因疗法对于单基因遗传病是非常有效而且直接的治疗手段：最适宜使用基因疗法的疾病就是由某一个缺陷基因导致的疾病，在特定基因层面以及简单转录的调控层面上，突变是存在的。替换掉这一有缺陷的基因后，在细胞层面以及器官层面上，将会有很大的概率减轻疾病症状。接下来我会对这一治疗手段进行更清晰的解释。

与其增加，不如减少

显然，治愈由 1 个致病基因导致的疾病要比治愈由 50 个致病基因导致的疾病简单得多。基因 X 会因为很多原因不能发挥应有的作用，有些原因与基因 X 所在的基因序列有关，而另外一些原因则与基因组中其他的基因序列有关，它们干扰了基因 X 的表达。

只有特定基因的序列发生改变导致的疾病，才能应用以相似并且序列正确的基因替换掉缺陷基因的疗法。[②]

"转录调控"这一概念很复杂，需要做一些说明。在之前我已经解释过，DNA 首先会转录成信使 RNA 并进入细胞质，之后被翻译成蛋白质。

这一过程的调控非常复杂，在这一过程中有些基因表达，有些基因不表达，不同的基因之间差别很大，很多方面依然没研究清楚。

目前的基因治疗技术并不是将致病基因从其所在基因组位置（基因座）剪下来，再用正确的序列填补其空位。为了替换掉不能表达的基因，人们会通过随机的方式插入正常的基因，是在用"新基因"来解决问题。目前较为成熟的技术就是使用一种被称为"启动子"的基因序列来促进表达。

然而上述过程是很不精确的，基于此我们需要关注这种部分基因替换所带来的生物学功效以及临床功效。几乎所有的人类基因都是成对出现的（等位基因），在治疗基因疾病时也要成对替换。基因治疗能够插入一对健康基因的拷贝，并且发现它与两个患病的副本相互作用。如果致病基因无法产生功能性蛋白质，而插入的健康基因能够产生正常蛋白质，那么就足以修复细胞的健康问题。这种情况我们称之为基因的"显性正效应"。

当致病基因产生某种破坏细胞特定功能的蛋白质时，添加一对"健康"基因还不足以挽救被破坏的细胞，这种情况称为"显性负效应"。从临床角度来说，基因治疗只需要改变一部分基因有问题的细胞，这种治疗就会起效，这一点很重要。我举个例子：如果某种疾病是与 Y 基因的缺陷有关，因为该缺陷会导致干细胞无法产生淋巴细胞，那么只需要用 Y 基因的正确"变体"治疗 5% 的干细胞，就可以引导这些接受过治疗的干细胞产生大量淋巴细胞来重建免疫系统。而当致病基因引发直接伤害时，比如眼癌这种疾病，则需要将患者体内所有的致病基因用健康的基因替换掉，相比于替换部分基因的情况，这种情况要复杂很多。

亦敌亦友的关系

那么如何用健康的基因去替换致病基因呢？病毒，我们的朋友又或者是敌人会给出我们想要的答案。在基因治疗中有一个治疗阶段需要将一段具有健康基因的DNA片段插入到一些细胞中。这种操作很不好实现，因为像我们人类这种真核生物，进化已经保证了我们的DNA能被很好地包裹在细胞核里面。

体外转移，即在细胞从人体中分离出来的情况下，通过物理化学刺激（比如高剂量的特殊种类的盐或者声波刺激）使细胞膜上短暂出现"孔",这时将具有健康基因的DNA片段从细胞膜上的孔导入到细胞内,我们称这一过程为"转染"。

但是这种办法在体内并不奏效。这就该病毒登场了。得益于入侵细胞的天然能力,它们摇身一变,成为非常理想的基因载体。我们称这种通过病毒将基因导入"患病"细胞的过程为"转导"。

基因治疗用到两种载体。一种是融合型表达载体,比如HIV这种逆转录病毒和慢病毒,这种载体可以将"治疗性的"基因运载到细胞的DNA中,并将该基因直接插入到染色体的某个位置。正如我们所知,人们无法先验地决定或预测。

另一种是非融合型表达载体或附加型载体,比如冷腺病毒和腺相关病毒(Adenovirus-Associated Virus, AAV),它们会将基因运载到细胞核内,无须整合到基因组中就能发挥作用。两种不同载体的优缺点一目了然。[3]

融合型表达载体的优点就是"长期有效",一旦进入不健康的细胞中,"健康的"基因就会扩散到所有的子细胞中。如果需要治疗的疾病是与免疫细胞或者血细胞有关的,那么通过基因疗法治疗一定比例的造血干细胞(那些产生血细胞或者免疫细胞的细胞)之后,理论上就一次性地治愈了疾病。融合型表达载体的主要缺点是有引发肿瘤的风险,因为从将基因导入到细胞DNA的那一刻起就可能触发潜在的致癌机制,或是导致预防肿瘤的细胞机制失活。

优缺点势必是一把双刃剑,致癌风险低,那么其疗效就会差,功效也不会持久。使用病毒载体的基因治疗历史充满了巨大的成功与失落,承载着人们的希望与热情的同时也伴随着悲剧与失误。

接下来我会讲述两个故事，我相信它们能清楚地说明使用病毒作为载体的基因治疗的潜在风险及病毒友善的一面：难以置信的治疗效果。

病毒载体

- 病毒具有很强的感染细胞的能力，并且会将自身的 DNA 以整合或聚集的形式注入宿主体内。
- 病毒载体的运载效率是很高的。
- 现在研究的应用于基因治疗的病毒载体包括：

  逆转录病毒

  腺病毒

  腺相关病毒
- 在启动子的强力调控下，可以把不同种类病毒基因组中的目标基因注入靶细胞中。
- 为了防止病毒载体重组后传播开来，基因治疗所使用的病毒都是无法进行自我复制的（缺陷病毒）。很多作为载体的病毒中的基因都已被移除掉，取而代之的是靶基因以及调控元件。

基尔辛格事件

1999 年 9 月，我当时在费城的宾夕法尼亚大学医学院病理科工作，[④]在卡尔·琼以及吉姆·威尔逊等人的大力推动下，那里成了研究人类疾病基因治疗方法的领先部门。

因此我也目睹了杰西·基尔辛格的悲剧，他是一名患有鸟氨酸氨甲酰基转移酶缺乏症（OCTD）的 18 岁患者，这是一种罕见的遗传病，严重的话会在患者出生后的几个星期里造成致命的后果。得益于特殊的饮食和药物治疗，基尔辛格的病情并不是非常严重，身体状况还算可以，但他希望参与以腺病毒作为载体的基因治疗的临床试验，试验会使用一种转基因的腺病毒将健康的转氨甲酰酶基因输入到靶细胞中。

9 月 13 日，注射到基尔辛格体内的病毒载体引发了一种称为"细胞因子风暴"的大规模免疫反应。4 天之后，杰西·基尔辛格去世。

在他去世后的几个月里爆出了很多令人不安的内幕。人们发现这个临床试验在实施过程中违背了很多应当严格执行的试验方案管理规定，特别是征得患者同意的方式以及之前针对动物和其他患者的试验结果的发表都存在违规行为。威尔逊医生和宾夕法尼亚大学因为这项基因疗法的商业化而可能获益的利益关系也浮出水面。

最终患者家属与医生之间的纠纷通过经济赔偿得以解决，宾夕法尼亚大学也给予了威尔逊医生相应的处分。这名年轻患者的突然死亡令人震惊，毕竟他的身体状况良好，也没有进行高风险治疗的迫切需要，这无疑极大地延缓了基因治疗的发展步伐。这出悲剧可以从两个层面解读。从人的层面上来说，每一个人的离世对其家庭来说都是毁灭性的打击，更何况是被本应治愈的疗法带走了生命，就更让人难以接受了。但是从科学层面上来说，实验性治疗的罕见并发症，不论多么悲惨，都不能也不应该成为停止发展新的治疗手段的理由。虽然会冒巨大的风险，但也会挽救数以千计的人的生命。从严格的生物学角度来说，基尔辛格的悲剧说明了免疫系统在面对病毒时出现不受控的免疫反应所能造成的危害。在治疗过程中使用到的病毒载体是无辜的，因为这些病毒并不含有损害细胞的成分，也不具备在人体中自我复制的能力。真正杀死杰西·基尔辛格的强烈反应是由腺病毒的抗原特性引起的，即病毒会被免疫系统识别为"体外物质"，进而遭到猛烈的反击。免疫系统并不知道它所对抗的这些"敌人"不但不会危害我们的健康，而且还会保护我们的机体。但是又有谁能预见到会出现如此猛烈且不受控的免疫反应呢？这是一个没法给出简单答案的问题，因为不同的人，免疫反应的激烈程度是不同的，显然在杰西·基尔辛格体内爆发的是危险性最高的那一种。

我相信我们有责任从杰西·基尔辛格事件中吸取教训，防止再犯同样的错误。我们需要迅速建立起清晰的实验事故问责机制，明确患者权利，并正确处理具有竞争关系的科研团队之间的利益冲突。

十年后

2009 年 11 月 5 日，基因治疗领域出现了一条爆炸性消息。就职于法国国家健康与医学研究院（INSERM）以及巴黎笛卡尔大学的帕特里克·奥堡在法国和德国同事的协助下，通过以慢病毒为载体的基因疗法治愈了两个患有肾上腺脑白质营养不良（该疾病与 X 染色体有关）的 7 岁儿童。这一治疗结果令人欢欣鼓舞。

奥堡医生的研究成果发表在了《科学》杂志上，让很多病人及其家庭看到了希望。肾上腺脑白质营养不良是一种罕见的儿童遗传病，是 ABCD-1（ATP 结合盒 D 亚家族成员 1）基因缺陷引起的，患者会出现脂质代谢不足的问题。后果是体内大量堆积长链脂肪酸，影响大脑发育。通常会在 4~5 岁发病，并伴有一系列神经系统恶化症状，最终将导致死亡。奥堡领导的这次研究表明，在接受治疗仅仅 1 年之后，两个孩子的状况便好起来了，他们可以去上学，过上正常的家庭社会生活，而且没有理由去担心目前的临床表现是否能够"长期维持下来"。

这次基因治疗实验的非凡之处在于使用的病毒载体是艾滋病病毒 HIV-1，其具有所有慢病毒和逆转录病毒的特点：能够将自己的生命整合到被其感染的细胞中，这种特点对我们来说既致命又宝贵。

如果人们可以改造病毒让其失去自我复制的能力，既没法导致疾病也没法传染别人，并且改造后的病毒会感染干细胞而不会感染免疫细胞，就可以利用它的整合能力将健康的基因插入到具有致病基因的细胞中。当足够数量的健康基因开始工作，疾病的症状就会减轻，患者最后得以完全康复。我实在不知道还有什么能比这更能说明科学探索及其知识的伟大的。

何时?

面对艾滋病的挑战，科学界率先做出回应，先是找出了致病原因，之后经过多年的探索，推出了很多能够抑制艾滋病病毒繁殖并且降低艾滋病死亡率的药物。但这还不是全部。

接下来的研究重点就是艾滋病病毒的利用，即利用艾滋病病毒的自然特性将基因从一个细胞传递给另一个细胞。研究人员带着极大的热忱与胆识将实验室试管中的体外转移研究，转向了对患有致命基因疾病的患者进行体内基因转移的试验。这一勇敢的探索于 2009 年开始，研究人员使用转基因的 HIV 治愈了疾病，且患者没有感染上艾滋病。

凭借着非凡的智慧与勇气，巴斯德研究所的皮埃尔·查诺与安娜－苏菲·贝尼翁尝试使用艾滋病病毒生产艾滋病疫苗对抗艾滋病的做法，这也让人们对病毒的看法发生了 180 度大转变。

在 2010 年发表的一篇学术报告中，两位法国研究员表示，使用 HIV-1 载体作为 SIV 的抗原能在一定程度上激发一种针对 SIVmac（这种病毒是 HIV 的表亲）复制的保护机制。当然，这一研究尚处于初始阶段，还需要很多年来验证这种慢病毒载体作为疫苗是否具有治疗艾滋病的能力，但是这个新概念依然很鼓舞人心。

与此同时，其他能够引起针对艾滋病病毒的免疫反应的疫苗也在研究中，这种疫苗的病毒载体来源很广，包括痘病毒、腺病毒、腺相关病毒、水疱性口炎病毒、巨细胞病毒、麻疹病毒、脊髓灰质炎病毒等。

将艾滋病病毒的基因插入到其他病毒的基因组，以引发免疫反应，防止艾滋病的发生，这种思想很简单也很有效，但是在生物学上生产针对 HIV-1 的疫苗的难度很大，现在还不能说已经取得了某些结果。

这也就意味着研发艾滋病疫苗所需的时间依然不确定，而且并不太乐观，即便目前出现了一些令人瞩目并且非常有前景的有关病毒载体的新想法、新结果。⑤

请回复

在那些能够被选作基因治疗或疫苗载体的病毒中，细心的读者可能会发现里面有我们很熟悉的凶残的艾滋病病毒、天花病毒，以及脊髓灰质炎病毒。

这再次提醒我们，人类与病毒的互动很难用传统的善恶二元论思维来评判。将艾滋病病毒作为基因治疗的载体或疫苗的研究确实还处在初期阶段，但是初期的研究结果已经表明科学可以从坏中提取出好，从有害中提取出有益，从消极中提取出积极。在生物学中，好与坏的概念总是存在于研究员的参考系中，但是在日常生活中依然很难解释清楚。

在我的职业生涯中，我经常受邀参加大学和科研机构的研讨会，在那里我会遇见很多学生及年轻的研究员，我喜欢问他们什么才是"好的科学研究"。我得到的回答差不多都与研究方法有关：

"好的科学研究应该是可以重复的、可以证伪的、客观的、符合逻辑的……"，当然有些回答也关乎意义和目的："好的科学研究必须能让人增长知识，改善人类的生活。"

我所工作的亚特兰大研究中心的任务可以简洁地概括为一句话：改善健康，增加知识。为了达到这一目标，最有效的办法就是认识病毒的性质，并利用这一知识将一开始被视作人类健康敌人的它转化为我们的盟友，帮助我们摆脱身体的痛苦，更自在地生活。

说到这里，我想问为什么科学在已经取得了这么多惊人结果的情况下还会遭受攻击和质疑？这些质疑来自多方面，论点都非常荒谬，从反对干细胞研究的伪伦理，到反对进化论的神学偏见，再到原教旨主义的动物权利主义，还有那些最荒唐的否定主义（比如认为艾滋病不是由 HIV 引起的，根本不存在全球变暖），更有无脑的恐慌，认为疫苗会引起孤独症或者其他种类的疾病。

为什么我们的大脑在面对能够大大提升我们生活质量的事物时表现得摇摆不定？为什么有些人如此执着于忘恩负义，日复一日，年复一年？

我希望能有一个准确的答案，这样我们就可以更有效地做出改变。我的脑中出现了"教育""传播""对话"等一系列词语，相对于那些试图教育民众、宣传科学知识的举措来说，本书只算是沧海一粟。也许在这些话语之外，存在一个更能让人信服的答案，它源自我们的亲身经验，是实实在在的，在我们找到它之前，它就已经伴随在我们身边了。

13

对理性的热爱

写在文末的一些故事和思考

得益于上天的眷顾，这里的景色丰富多变，地势平缓，海洋环抱，山
丘仿佛在招手，山谷似乎在微笑。

——焦苏埃·卡尔杜奇

马尔凯大区的魅力

在炎热的盛夏，安科纳南部到奇维塔诺瓦马尔凯之间的高速公路仿佛变成了一条融化的沥青带，太阳炙烤着地面让人喘不过气来，一排排卡车驶过时制造的噪声使人烦躁不安。但是这里的春天却是另一番景象，当大多数人还在睡梦中时，这条高速公路也十分安静，鲜有车辆经过。如果有读者朋友经过这里，可以花一点时间好好看看，在那灰色的围栏之外，灰绿色的丘陵蔓延开来，上面种植着栎树、橄榄树，还有酒庄、农场零星点缀在其中。

时不时地，在一些较大的山丘顶上会出现带钟楼或塔的砖房。沿途经过蒙特马尔恰诺、塞拉德孔蒂、卡斯特尔费瑞蒂，这些古城记录下了过去的岁月，贵族的封地、冷兵器战争、不变的钟声。

太阳升起之后，除丘陵与小城镇之外，还能见到崎岖的亚平宁山脉和蔚蓝的亚得里亚海。我经常想，为什么马尔凯的风景没有托斯卡纳那么有名。或许是这里的地形更陡峭，土地更荒芜，植被更杂乱，居民更粗鲁狡猾。而且马尔凯也不像托斯卡纳有基安蒂这样的名酒，也没有柔软的草甸，或许马尔凯真正的美就在于它的粗犷吧。

事实上，真正让托斯卡纳的景色闻名天下的，是那批伟大的艺术家，如乔托、西蒙尼·马蒂尼、皮耶罗·德拉·弗朗切斯卡、菲利浦·里皮、桑德罗·波提切利，以及贝诺佐·哥佐利等，他们用不朽的画作捕捉下了托斯卡纳的色彩和氛围，因此形成了一种集体想象——佛罗伦萨的周边拥有意大利完美的丘陵景色，锡耶纳拥有理想的颜色，甚至皮耶特罗·洛伦泽蒂和安布罗吉奥·洛伦泽蒂兄弟当年头顶上的天空都很美丽。

列奥纳多·达·芬奇在旅居法国时，画下了自己记忆中的托斯卡纳。他对托斯卡纳的景色进行了再创造，使我们每个人的头脑中形成了关于托斯卡纳的独特、典型和不可复制的风景的印象。但是我想重申：马尔凯的景色一点也不输托斯卡纳。在马尔凯，太阳照射着大海高山，那里的景色更婀娜、更律动、更大胆，也更真挚。我希望有一天能有人站出来向世界解释我们失去了多少，错过了像马尔凯这样的好地方是我们的损失，而不是马尔凯的损失，以及对文化的资助、保护与对文化的掠夺之间的界限有多模糊。

我的工作似乎是徒劳 viii

和大学同学促膝长谈了一整夜之后，在 1991 年 4 月末的那个星期天早晨，我拖着疲惫的身子，驾车行驶在那条高速路上，准备去奇维塔诺瓦医院上班，当时我的病人 A.B. 因为急性脑炎导致的严重脑出血住院接受治疗。

一天前 A.B. 的伴侣告诉了我这一情况。我很清楚 A.B. 已经走到了生命的尽头；作为医生我们尝试了全部办法，但依然无济于事。病人来医院时就已经处于感染的晚期了，他的免疫系统已经严重损毁，使用任何的抗逆转录病毒药物都不会有什么效果了。

几个月后 A.B. 的病情进一步恶化，发展成了卡波西肉瘤，且进展迅速，已经累及肺部。20 世纪 90 年代我们对这种癌症知之甚少，几乎就是束手无策。我们首先尝试了干扰素，之后是化疗，它减小了肿瘤，却激起了进一步的免疫抑制。

A.B. 命悬一线，随时都可能离开这个世界。我还记得在化疗周期结束之后，我们让 A.B. 出院时，我第一次看到他的脸上失去了活下去的热情及同疾病抗争下去的渴望，曾经他是多么坚强多么特别的一位病人啊。他的手不再那么有力，他的笑容也变得不自然。他仿佛突然间意识到情况真的变得复杂起来了，而现有的一切医疗手段不过是纯粹的姑息治疗罢了。

有天早上，经过 A.B. 住院的病房时，值班医生叫住了我。他告诉我 A.B. 脑部感染了新型隐球菌（这是一种"机会致病"真菌，只影响有免疫系统缺陷的人），并且伴有严重的左半脑出血。他的状况很差，救治的希望不大了，因为目前既没有什么革命性的手段治疗如此严重的脑损伤，也没有办法挽救他被艾滋病削弱的身体。

我的会诊单上只有几行字，之后我去看望了 A.B.。那仿佛是个超现实的情景，他身处术后恢复病房，浑身插满了管子，已经失去了知觉，完全是靠着机器维持心跳，没有意义地活着。本质上，他已经离开了这个世界。我结束了例行探视，跟病房医生交接汇报了工作，沮丧地离开了病房。A.B.有一位伴侣，说实话我们接触得并不多，但他的个性很鲜明，他陪我上了车，一路上都很安静。

在怡人的春光中我回到了安科纳，回到了我的家，回到了我熟悉的环境。这次事件对我来说是个分水岭，不管是对我的人生还是我的科研生涯。我第一次以一种无情又无可改变的方式感受到了医学在对抗艾滋病时的荒谬和让人沮丧的无力。

A.B.在几天后去世了，直到去世他都没有恢复意识。对我来说，他的去世推动我重新思考我的职业生涯及我真正想达到的目标。这是一条漫长曲折的路，但最后把我带到了现在我所在的地方。

异常情况

这个故事中不那么重要，但是很有意思的一点在于，在1991年的那个春天我是以专家的身份接诊艾滋病患者。在人们的印象里，专家都是那种行业翘楚，是个白头发的老医生，样子就像小时候在学校里见到会让人生畏的那种教导主任，但实际上那时我才28岁，刚从医学院毕业，在安科纳综合医院做助理医师还不到1年。

我当时的境遇有些离奇，也正因为这个我结束了短暂而微不足道的临床医生生涯。一切都源于学医期间的一段经历，我当时想写一篇关于临床免疫的论文，因此在几年间探视并参与治疗了上百个艾滋病病人。艾滋病在当时是一种新型疾病，而且正演变成一场前所未有的医疗危机，在这种情形下，我那有限的研究艾滋病的经验，竟让我这个资历很浅的医生变成了"专家"。

我当时跟随的首席医师从 1985 年就开始为 HIV 抗体呈阳性患者开设门诊服务，那时艾滋病刚开始在马尔凯大区出现，但对于救治艾滋病患者，他其实也没有多少经验，更何况为了对抗医院盛行的官僚主义，他整天都将自己关在实验室里。

多年之后再回想起来，我必须承认，我在那段荒唐的岁月里获益匪浅，但也变成了一个发展不均衡的人。我当时获得了远高于我真实能力的专业地位，我和很多老资历的医生平起平坐，要知道这些老资历的医生平时见到我这种年轻医生可是连招呼都不打的。

在学术界，那种老资历的人可是一种很荒谬又怪异的存在，我觉得如果不算浪费漫画家的才智的话，完全可以把他们的行为画成幽默漫画。比如，我记得有一天一位著名的主治医生把我叫到他的办公室，要给我这个年轻人一点"忠告"。我对他的业务水平深表质疑，但他的政治资历无可挑剔。但当我试图对他给出的建议进行回复时，他不耐烦地回答道："我叫你来是给你忠告的，不是来听你意见的。"

我想到了那些具有非凡的科研天赋和人文素养的科学家。在我几十年的科研生涯里，我到过世界上的很多地方，当然也认识了很多真正的天才，有诺贝尔奖得主，也有拉斯克奖得主，他们的发现挽救了数百万人的生命，但他们都很谦逊很单纯，他们不喜欢论资排辈，甚至他们的学生都可以直呼他们的姓名。

上面提到我的发展不平衡：我当时的工作内容几乎只有艾滋病，我在处理其他疾病上的经验很贫乏，无论是糖尿病、癌症、中风，还是心脏病。

我就像在马戏团里只会一种表演的小马。诚实地讲，我当时做得也不太成功，因为那个年代还没有有效的治疗艾滋病的手段。我扮演的角色就只是帮助患者延长生命。不过能够延长患者的生命也是一件很重要的事情，因为多活一天就意味着看到新的艾滋病疗法出现的希望更大一些，就更有可能搭上"艾滋病新疗法这班车"，就像某个病人所说的那样，就能"获救"。我继续回忆那段时光，时间来到 1991 年。

站队和选择

A.B.，还有其他很多艾滋病患者在我面前死去，我不得不强迫自己回忆起当年的情景，那时的我面对悲剧的发生却又什么也做不了，就像被捆住了双手双脚一样。我非常清楚地记得在面对这种无法治愈的疾病时，我萌生了做科研的想法。在面对死亡无能为力极度沮丧时，我要做科研的想法更坚定了。

说实话，我认为我有义务做出这种选择。我想投身到这场与艾滋病病毒的战争中，而且我觉得对艾滋病病毒进行基础研究一定会为我们带来胜利。当我们更好地了解了我们的敌人，逻辑、实验，以及新技术才能派上用场，才可能在临床实践中，在病人的床边将它击溃。

科研与临床实践是两件不同的事，但是目标都是相同的，都是战胜疾病。临床医生的工作是钻研如何利用好现有的医疗资源（成熟的疗法、检测、诊断成像技术等），治疗实实在在的病人。

而基础科研工作的目的是扩充生物学、生理学，以及病理学知识，这是更好地治疗每一种疾病的前提。

科研人员或是临床医生在工作上谋求的成功，最终都能让患者受益，这也是医学最值得赞赏的魅力之一。换言之，人类各种各样的崇高愿望，比如纯粹个人的志向，甚至是对权力的渴望，几乎都对治愈疾病有好处，都是"好的选择"。

我想在读完上面一段话之后，具有哲学思维的朋友一定会扬起眉毛。如果真的如此，那究竟什么是好，什么是坏呢？

熟悉我的人都知道，我反对一切善恶二元论。本书的主角中有"坏"病毒的佼佼者，这并非偶然。我们知道，其实病毒从本质上来说很复杂，对我们人类也并非没有积极的影响。

当看到疾病肆虐给患者带来极大痛苦的时候，没有人会无动于衷。任何同身患重病的孩子打过交道的人都能明白我想表达的意思。这里我欠读者朋友们一个更明确的解释。对像我这样不满足于精神层次答案的务实者来说，一旦决定要拿起武器抗争疾病，就会很自然地陷入一种两难：是选择在医学领域抗争，还是投身于基础科学的研究？

面对病痛，还有成千上万态度不亚于那些从事公共卫生职业或科学研究的人。最终，每个人都在应对各种各样、无穷无尽的苦难时做出了自己的贡献，这些努力很重要，却仍是有限的。

每种工作、每种活动都伴有好的一面与坏的一面。然而必须要承认的是，尽管没有适用于所有实际情况的客观标准，而且任何道德体系在逻辑上、理论上都有其不确定性，但是我们的存在就是由一系列选择组成的，在这些选择的背后，我们可以感知到真正的好与坏。

至于我，我深信依照希波克拉底精神行医，或是全身心投入到科研工作中以探索新知，都是"正确的"选择。

病痛的根源

临床实践能够带来最直接的结果，因为每天都有满足感，即使每天都在面对病痛的挑战。但是看到患者恢复健康，把病危的患者从死亡线上拉回来，彻底战胜一种疾病，上述每一件事都能够激发肾上腺素的分泌。

在世界上的每一个角落、每一个时刻都有医务工作者在辛勤工作，他们让患者安心，也为这乱糟糟的世界带来些许的秩序。今天血管梗死的病人能够活下来，早产儿能够长成健康的孩子，大大小小的疾病能够治愈，都要归功于外科医生灵巧的双手、病理专家与放射科医生的分析、精神科医生的直觉、儿科医生的技能，以及肿瘤科医生的默默守护。

但是也有少数医生认为患者是医疗产业这条食物链的最后一

环，他们把患者当成谋求个人利益与特权的工具，他们不在乎患者所付出的代价。这些都是不可思议且不经常发生的事件，但一旦被曝光，就会变成严重的社会丑闻。

如果临床实践属于正面战场，那么科学研究则属于敌后战场，科学研究成长于一个满是秘密的世界，对刚入行的新人来说，当他们第一次接触到那些神秘的术语、那种强迫症一样的细致时，他们感觉荒诞及筋疲力尽。而它赖以为生的法宝就是对细节的执着和精进的专业知识。

在实验室和无菌室，科研人员通过昂贵、先进的仪器来了解分子之间的相互作用以及微小复杂的细胞的功能，通过计算机及功能越来越强大的软件来找到病痛这面巨型墙壁的薄弱点，之后敲击它、推倒它，甚至粉碎它。在科研世界中的这群人，他们不善于社交，不喜欢追名逐利，有时脾气暴躁，甚至喜怒无常，但是他们的才智与创造力让我们的世界变得更美好。

发现美洲大陆

脑中出现做科研的念头只需要一瞬间，但实际操作起来要复杂得多，我花了几个月的时间才把想法变成现实。

第一个真正的机会出现了，我获得了卫生部的一笔奖学金，这笔钱可以让我安心地在国外的实验室研究艾滋病。成为科研人员之后，我有了非常理想的学习状态。我可以安心去做研究，而以前只有一些概念上的模糊认识。

1993 年 9 月，加拿大蒙特利尔大学的拉菲克 - 皮埃尔·塞卡利实验室接收了我。即使很多年过去了，我的心仍然有一部分留在了魁北克。

我当时对"做科研"的理解和现在的大不相同，很肤浅、很不现实。我当时的想法是"我可以学到新的知识，然后回到我的祖国"，因为当时的我并不想离开意大利太久，只是觉得去加拿大就是"为了学习这一目的"。

因此，在做博士后研究的第一年，我要培养我的科学素养并学习一些基于细胞生物学及分子生物学的复杂方法论，就像一名新手画家要学习怎样调色、怎样运笔、怎样起稿一样。

我记得那是一段混合着激情与沮丧的日子。我学会了很多东西，尤其是在设计实验以及分析解释实验结果方面。当然我也不会忘记那段日子里我因自觉能力有限而产生的那种无力感，因为我无法完成一个独立的、原创性的实验。依照当时的情况，我需要再等上几年才能开始我的独立科研生涯，但是多亏了亚特兰大的埃默里大学为我提供了机会。

1995 年底我在蒙特利尔的学习即将结束，这一年对魁北克来说很重要，因为这一年就魁北克是否脱离加拿大成为独立国家举行了公投。最终 49% 的选民认同魁北克应脱离加拿大，51% 的选民反对，反对独立方险胜。同年，在逆转录病毒药物研究领域也出现了重大突破："蛋白酶抑制剂"问世，它与现有药物搭配使用可以阻止 HIV 的复制。这同样也对我的决定产生了重大影响。

在 20 世纪 90 年代中期问世的多种新药彻底改变了艾滋病的历史。

可能有人认为我夸大了这些新药的疗效，但在我看来，这些新药的效果足以与治疗昏睡性脑炎患者的 L-DOPA 相提并论，但不同之处在于：它们的疗效不是暂时的。

在根据英国脑神经学家奥利弗·萨克斯的著作《无语问苍天》（*Awakenings*）改编的同名电影中，罗伯特·德尼罗饰演的是一名昏睡性脑炎患者，而罗宾·威廉姆斯饰演他的主治医生。电影情节跌宕起伏，就像过山车一样，这都源自 L-DOPA 惊人的治疗效果及短暂的起效时间，一旦起作用的药物分子耗尽，患者又会恢复到接受治疗之前的状态，以至于在电影结束以后，有很多观众在讨论这种药物的短暂疗效对患者而言究竟是福音还是二度伤害。

短暂的回乡

我的第一位接受联合用药疗法（后来被称作鸡尾酒疗法，即高效抗逆转录病毒治疗，Highly Active Antiretroviral Therapy，HAART）的患者是一位中年女性，她是我出国前追踪随访的一个艾滋病患者的遗孀，这里称其为 C.D.。1994 年她丈夫去世了，当时我还在蒙特利尔工作，C.D. 决定去另一所位于马尔凯的医疗中心接受治疗。C.D. 服用的药物效果并不显著，而且丈夫的去世对她打击很大，她的身体每况愈下。她的丈夫是个手艺人，20 世纪

80 年代初吸食过几个月的海洛因，后来开始戒毒，没多久就顺利从毒瘾中走了出来，但却走不出艾滋病的阴影。就像我在卡斯泰尔迪拉马听一个男孩说的那样，"这世上的事物都是环线，而艾滋病则是条单程线"。

之后很长一段时间我都没见过 C.D.，一天下午，她在没有预约的情况下突然来到我的办公室，看上去非常瘦、非常虚弱，变老了很多，我都快认不出她来了。

她告诉我，她感觉到自己的身体已经垮了，尽管尚未出现任何机会性感染，可是她知道自己的时间所剩不多了。但是朋友的话让她重燃了希望，她听说美国那边出现了一种更新更强大的疗法，便问我能否帮她拿到这种新药。

我花了几周的时间弄到了这种新药，得到了"同情用药"的授权，也就是说只能把它作为最后的治疗手段，药物生产者也无须承担任何与药物不良反应有关的责任。

我对治疗效果没有抱多大期望，并且担心会有副作用，但是第一次用药后 C.D. 的反应非常好。她像一只受伤的母狮一样战斗，克服了新疗法带来的不适，慢慢地开始好转，起先不那么明显，但越往后药效越显著，清晰可见。

她在 3 个月的时间里恢复了大约 10 千克的体重，皮肤恢复了活力，低烧以及虚弱的症状也消失了。随着新疗法将病毒抑制住，免疫系统也逐渐恢复了，病人回了家，可以正常购物、下厨、工作，又变成了从前的那个精力充沛的母亲，简而言之，过上了普通人该有的生活。我最后一次探望 C.D. 是在 1997 年，在我决定返回美国前，C.D. 微笑着迎接我，我想我永远也不会忘记那个充满希望和喜悦的笑容。

惊喜与例外

在 1996 年的春天我第一次见到了 E.F.，一位血液中没有 CD4+T 细胞、体内病毒载量很高的患者。

在没有治疗干预的情况下观察到的艾滋病的发展，常被比作一列火车冲向悬崖，火车就是患者，悬崖是艾滋病导致的死亡，火车的速度取决于患者体内病毒的数量，与悬崖的距离取决于血液中残留的 CD4+T 细胞数量。

因此我们可以认为：病毒载量很高且 CD4+T 细胞数量也很多的患者的预期寿命和病毒载量不高且 CD4+T 细胞数量也不多的患者差不多长，只是可能第一类患者感染的时间比较久了，体内的病毒载量很高。

我和同事决定立即让 E.F. 以同情用药的方式接受蛋白酶抑制剂治疗。

E.F. 的临床治疗的成功不仅是科学层面上的，不同于其他病例，这更是情感上的，我深受鼓舞。

简而言之，这种新疗法可以有效减少病毒数量，但是对 CD4+T 细胞的数量几乎没有影响。这一结果很出乎意料，因为通常情况下，对病毒有效的疗法也会提高 CD4+T 细胞的数量。

E.F. 是个简单乐观的人，她很满意目前的治疗结果，即便只是部分治愈。但是我想弄明白其中的矛盾之处，这次治疗结果在病毒学和免疫学方面的不统一是因为什么。好奇心驱使着我翻遍了我们中心追踪的数百份 HIV 感染者的医疗记录，我也和同事讨论了 E.F. 的治疗状况。

我调查的结论是：艾滋病是一种充满惊喜与例外的疾病。虽然上面提到的火车驶向悬崖的比喻是基于大量数据得到的，基本上准确，但是进一步研究细节还是会发现各种怪异现象。

比如，有的患者体内病毒载量很高，即使没有治疗，他们体内的 CD4+T 细胞水平也很高。相反，那些体内具有低水平的 CD4+T 细胞的患者，有些似乎可以在很长的时间里身体都没什么问题，而有些却患上了艾滋病。

有些患者在接受治疗之后体内的 CD4+T 细胞水平增加了，但没有抑制住所有的病毒，而有些患者的情况却刚好相反，比如 E.F.。总之，这些看似混乱的例外情况，以及例外中的例外让我意识到我们遗漏了一些在 HIV 感染导致艾滋病的机制中非常深刻的东西。每种疾病都有例外，也没有症状完全相同的患者，更没有能够有效预测将来的预后标志物。但是感染 HIV 与患上艾滋病这两件事是百分百有关联的。病毒的数量与从无症状 HIV 阳性最终转为艾滋病的风险在统计学上具有明显的相关性，也就是说显著相关。我很清楚地记得在跟两个美国同事长谈之后，大家一致认为目前关于艾滋病致病机理的模式太过简单，要理清楚所有情况还需要很长时间。

2007 年，凯斯西储大学的贝尼尼奥·罗德里格斯以及迈克尔·莱德曼在《美国医学会杂志》发表了他们的研究，指出对免疫系统受抑制来说，病毒载量只起到 10% 的作用，还有其他很多因素会起作用，而这已经是十余年后的事了。

偶然暴发的疾病

有效的抗感染治疗及我在蒙特利尔的学习期间培养的自己提出问题并思考如何找到答案的能力，对我决定返回美国全身心投入到科研工作中起到了关键作用。当然也有很多私人的原因，我就不在这里跟大家说了。总之，现在似乎可以治疗艾滋病了，因此我认为与艾滋病患者并肩作战不再是我必须要去做的事情。我记得 20 世纪 80 年代末我追踪过的一位艾滋病患者，得益于艾滋病新疗法的蓬勃发展，他上大学读法律的梦想可以实现了，他跟我说："在以前，如果知道自己可能会因艾滋病而死，那么遇到一位值得信赖的医生就是我们最后的希望了。而现在，请别介意，给我们开药的医生是谁都不重要了。"

1997 年底我辞去了安科纳综合医院的职务，前往亚特兰大埃默里大学担任研究员。也正是在担任研究员期间，我有幸见到了耶克斯研究中心的灵长类动物，其中就包括绿猴。我了解到 HIV 的"恶行"不是精心策划、愤世嫉俗的暴虐之举，而是自然界的一个不幸意外，由于彼此的误解，HIV 与我们的免疫系统发生了一场奇怪、荒唐、不合时宜的战争，最终以悲剧收场。

在介绍了几章与病毒和逆转录病毒的内容之后，我想跟大家解释一下，为什么我那么热爱医学——不论是医学理论，还是临床实践，但是最终却被科研的美妙完全征服，选择投身科研。

科研的重任

我打算借用卡尔·波普尔的一些观点为大家解释一种基本概念，专业的科研就是一直在围绕这一基本概念开展。

"科学"是研究与实验的集合，旨在提高我们对自然世界的认知和理解。就我们今天所理解的这个术语的意义来说，没有批判性的实验就没有科学。我们用具体的实验来检验某一假设，验证实验得到的数据是否与我们的猜想相符。

这是实证科学工作者的首要任务，他们的方法不是"要去挽救不可持续的体系"，而是"让他们的猜想暴露在最严酷的生存竞争面前"，因为"不是谁掌握的知识多谁就是科学家，真正的科学家是不断用批判的方法探求真相的人"。

在我的领域里，很少有人会说他们找到了某种猜想的"证据"，通常我们都会得出这样的结论：我们的实验与之前想要验证的假设相符（或不相符）。

科学假设是在研究者头脑中诞生的具有创造性的持续不断的"如果……？"式猜想。没有任何一个科学发现会背离波普尔爵士提出的理论，如果仅仅是脑中有个完全没有科学依据又模糊的直觉，那么这是"形而上学"。

我一想到科研人员的生活和压力时，脑中就会出现温斯顿·丘吉尔那句关于民主的玩笑话："民主是最糟糕的政府形式——如果不算其他那些已经尝试过的政治体制的话。"

心灵脆弱的人不适合做科研，你必须经得起别人对你工作的批评。"做科研需要面对的所有压力"中最核心的就是同行评审。科研人员工作的两个里程碑——发表实验结果和申请新项目的科研资金，都须经受同行匿名且往往尖锐的评判：如果同行评审结果是"通过"，那么几个月的辛苦工作也算有回报；如果是"不通过"，那就得重新开始。

但是这是一种相互审查：今天甲审查乙，明天乙审查丙，后天丙审查甲，其实就是个循环。

同行评审是一个痛苦的环节，但又是必不可少的。如果没有这种无情却也很公正的制度，科学的世界就只剩裙带关系、以政治功绩为导向了。

为了让大家知道科研人员相互之间是怎么亲切评审的，我引用《细胞》杂志针对一篇不能发表的论文的评语来做说明："这篇论文确实既有新的内容也有真实的内容，但是很遗憾这些真实的内容都不是新的，而新的内容也不是真实的。"

除了这种挫败感，官僚主义及政治化也渗透进了科研领域：毕竟谁会拒绝一位有权势、有声望的名校主任的平庸文章呢？而且万一被他知道了是谁拒绝了他的文章怎么办？再就是很多棘手的后勤问题及科研机构的基础设施问题，除此之外还要不断地创新、参与教学、参加各种科学组织，或者学术委员会的活动，最烦的是还要与那些反对动物实验、反对干细胞实验，甚至反对所有实验的人交锋，因为他们声称我们所需的知识都已经写在书中了……

神奇四侠

但另一方面，我们的工作也是世界上最美好的工作，每次离家去上班我的嘴角都带着笑容。我之所以这么说，是因为下述四个原因，我称它们为"神奇四侠"。

第一个原因，也是最利己的原因：当一名研究员的名字与某个或某一系列发现挂钩的时候，他在他所研究的领域就具有了一定的可信度，就会享有巨大的学术自由。他可以自主选择研究方向，自主选择想要解决的问题（不过我还想强调的是，现在研究项目很多，但财政资源是有限的，而且尽管科研机制本身有缺陷，最终还是倾向于达尔文主义的优胜劣汰，奖励真实、新颖并且具有说服力结果的研究，惩罚作弊欺骗者）。

除此之外还有很多自由，可以去世界各地出差旅行，出席学术交流会，发表自己的观点，经常会有很多新的发现、新的观察、新的认识。

我热爱我的工作的第二个原因，带有微妙的自私意味，那就是我有机会和真正聪明、有好奇心、开放包容的人在一起，这能让我不断提升、充实自己。

我指的是我的同事,当然也包括我的合作者、学生,还有那些不属于科学界但和科学工作者一样渴望超越平庸的人,比如记者、政治家。

在我的职业生涯中,我有幸认识了很多不同国家、不同种族的人,他们在人类认知的最前沿孜孜不倦地探索,从未停歇。在日复一日的努力下,医学研究界中形成了一种特殊的手足情谊,其中的男男女女为"追寻美德与知识"而活,而且与但丁笔下的尤利西斯不同,他们坚信自己做出这种选择不是出于傲慢,而是出于渴望帮助他人的愿望。

现在我们来到了第三个原因,这个原因令我自豪:我希望通过科研了解并战胜威胁人类健康的疾病,我希望让更多的人活下来。做出足以改变历史进程的发现是每个研究员毕生的梦想,给人以最深刻最难以抹去的喜悦。这些我们在前面已经讨论过了。

最后一个原因,或许是最复杂的,那就是我不用再屈服于那些我所不能理解的痛苦。我有时会想,是否是这个原因让我义无反顾地走上了我选择的这条路。科学具有强大的治疗能力,可以将人类从因局限性而生的痛苦中拯救出来,整理、分类、发现规律和机制等科研活动真真切切地给人以控制感,也让我们深度参与我们无限广阔的日常生活。毫不夸张地说,我每天都在参与智力比赛,这在极大程度上丰富了我的人生,展现在我面前的是远比我想象中更宽广更精彩的世界。心理学家认为克服对死亡的恐惧的唯一办法就是实现自我,就是去做那些想做的、可以做的,以及必须做的事情。或许最终我只能完成这个目标的一部分，但我对科学的热爱依然会为我带来极大的内心平静，因为我为科学新发现以及科学的传播出了一份力。

还要继续的旅程

最后，我还想总结一下我关于科学的其他思考，科学究竟是什么，科学又不能做什么：科学是理性的，因此它是必要的，但科学不足以完全解释我们生活的原因或目的；科学可以与邪恶斗争，但科学不知道如何证明邪恶的存在；科学可以让我们观察到事物有序性的伟大，但是科学无法对其进行破译；科学诞生于人们的头脑，它无限地思考并回答"科学可以回答的问题"，但只是回答那些问题，而无法解决每个人在生活中所面临的困扰。[ix]

14

生物医学研究的未来

人体边境上的战争与和平

"……那么，你又是谁？"

"我是那永恒力量的一部分，那永恒的力量吸收邪恶，也播撒美好。"

——歌德《浮士德》

科学的必要性

我在本书的开头试着解释在面对潜在致病微生物时人体免疫系统所面临的进退两难的困境（究竟是该战斗还是该求和？）。

我说了很多关于免疫系统战胜这些潜在致病微生物及二者和平共存的好处，也分析了输掉这场战争及树立假想敌的严重后果。之后我介绍了病毒这一最小最狡猾的微生物，它们导致了很多恐怖的疾病，对整个人类历史造成了巨大的冲击。

在这些疾病中我详细介绍了艾滋病，这是当今世界最可怕的传染病之一，我讨论了逆转录病毒的特点，HIV 正是这个奇怪又让人闻之色变的病毒家族中的一员。之后我介绍了艾滋病病毒的表亲猴免疫缺陷病毒，非洲猴类感染这种病毒后却安然无恙，这种现象表明进化更愿意去取悦大多数而非制造不和。

我还写了一个很有意思的现象：我们的 DNA 有很大一部分来源于逆转录病毒，这促使我们更谦逊地思考我们的生物学本质。我还和大家分享了一个惊人发现，我们的生命能够在母亲的体内酝酿，得益于某些源于逆转录病毒的基因的活动，它们产生了形成胎盘所必需的蛋白质。因此我总结道：我们曾经的敌人——病毒，这一次不再那么坏了（或者说不总是那么坏），甚至很有用，正越来越多地用作基因疗法的载体治疗严重的或是不可治愈的疾病，也被用来生产疫苗。所有这一切都让我想到我的人生经历以及事业轨迹，对疾病的研究和临床医学的学习慢慢地让我由治好单个病人的愿望转向了治愈一种疾病的愿望，正是这个雄心壮志推动着我克服内心的煎熬，脱下白大褂，全身心投入科学研究。

　　不管是之前行医还是后来投身科研，作为旁观者的我目睹了艾滋病传播的可怕过程。我有一个感悟：一方面我们人类的身体太脆弱了；另一方面我们的智慧潜力无限，我们能够在短短几年间找到这种传染病的致病原因，以及最大限度减少艾滋病造成的伤害的补救办法。

　　我的观点有一些浅显直白，有一些晦涩难懂，还有一些相当大胆，但我始终强调科学方法的力量与魅力，它能够完善我们对世界的认知，提升我们物质生活的质量，当然也包括精神生活。在纯理论的层面上，我希望大家能够带着好奇心去开眼看世界，能够抛弃教条与偏见去探索未知事物，这样就能让我们大脑中的理性部分，始终能够阅读展开在我们面前的精彩绝伦的自然之书。

我们还剩下什么？

临床医学与基础生物学研究都非常吸引人，而且二者之间的相关性非常高。临床实践确定了生物学研究的优先级，生物学研究的发现以新的药物、新的诊断方法，以及新的预防工具的形式反馈给医生。在这条漫长崎岖的探索道路上，出现了一种认为根本不存在任何道德评价标准，也没有所谓的"好的"微生物、"坏的"微生物、良性细胞、恶性细胞，一切都只是生物学现象的观念。尽管它们很复杂，但越来越容易被人类理解和干预。

因此也就不难理解近 30 年最致命的杀手是一种神秘的具有重复序列的逆转录病毒，而某些特定的逆转录病毒又帮助我们进化出了作为我们个体存在起源的胎盘等现象了。

我常常会问自己，100 年后或者更远的将来我们又会以什么样的眼光去看待免疫系统和病毒呢？有可能那个时候人类已经因为重复荒唐的行为而自我毁灭了。也有可能那时我们解开了现在看来十分费解的谜团，比如物理法则的本质、生命的起源、基因调控对我们思维心智的影响。

可惜那样的未来我是看不到了，但是想到我的孩子，我的孩子的孩子到时将在场，我又感到很安慰。在集体的紧密合作下，我们会继续推进科学探索，某个人的一丁点发现最终也会变为全人类财富的一部分。对我来说，努力增长自然知识，并且妥善利用这些知识改善人类的现状，这就是我生命最重要的意义。

亚特兰大，2018 年 11 月 23 日

致谢

我要将此书献给我的父母 Giorgio Silvestri、Gabriella Silvestri，我去世的朋友 Eugenia Cremonini、Egisto Olivetti、Nino Petrone、Romolo Augusto Schiavoni，Francesco Stefanelli、Giampaolo Tarozzi、Lia Vassena，还要献给三位帮助过我的好人 Augusto Agostini、Tiziana Romeo、Paolo Valenti。这里我还要特别感谢 Charlene Wang，多亏了她的帮助，我才能做到现在这个程度。

非常感谢我的朋友 Roberto Burioni、Andrea Cossarizza 和 Elena Fattori，他们一直鼓励我做科普来传播科学知识；感谢 Riccardo Lascialfari 对本书的修订；感谢 Roberta Villa 对我的鼓励。

我还要感谢所有直接或间接为我提供过帮助、鼓励，以及建议的朋友（排名依姓氏首字母顺序）：Rafi Ahmed、José "Pepe" Alcami、Anna Aldovini、John Altman、Rama Amara、Andrea Antinori、Cristian Apetrei、James Arthos、Becca Asquith、Adam Bagg、Dan Barouch、Francoise Barre-Sinoussi、Gaspare Battistuzzo-Cremonini、Marco Bella、Zvi Bentwich、Paolo Bernardi、Michael Betts、Renato Biondini、Steve Bosinger、Valter Breccia、Jason Brenchley、Timothy Brown、Manlio Brunetti、Elva Bugliosi、Corrado Canafoglia、Diane Carnathan、Sonia Cavuoto、Giancarlo Ceccarelli、Francesca Ceccherini Silberstein、Carlo Ceresi、Donatella Chiostergi、Nicolas Chomont、Davide Cicetti、Francesco Cicchi、Chiara Ciceroni、Francois Clavel、Massimo Clementi、Ronald Collman、Willy Coly、Liz Connick、Tonina Cordedda、Rocco Coronato、Giulia Corsini、Carlo Croce、Shane Crotty、Simona D'Addesa、Gerardo D'Amico、Giovanni Danieli、Miles Davenport、Anna e Chiara De Gregorio、Cynthia Derdeyn、Gabriella D'Ettorre、Giuseppe Di Bella、Dora di

HIV Forum、Daniel Douek、Paul Edelstein、Jim Else、Hildegund Ertl、
Jose Esparza、Jerome Estaquier、Jacob Estes、Eileen Farnon、Alyssa
Fein、Guido Ferrari、Julia Filingeri、Diana Finzi、Armando Gabrielli、
Maurizio Gaggini、Robert Gallo、Gabriele Gigli、Marco Gobbi、Andrea
Gori、Ian Gourley、Arash Grakoui、Fabio Gresta、Giuliano Grignaschi、
Andrea Grignolio、Zvi Grossman、Vanessa Grube、Beatrice Hahn、
Carl Hart、Manoos Hashempour、Chuck Hatch、R. Paul Johnson、
Sudhir Kasturi、Frank Kirchhoff、Nikki Klatt、Colleen Kraft、Deanna
Kulpa、Jane Lawson、Michael Lederman、George Lewis、Mathias
Lichterfeld、Deborah Lipstadt、Pam Longobardi、Lucia Lopalco、
Pier Luigi Lopalco、Dante Loreti、Mike Luttrell、Elena Luzi、Marzia
e Maurizio Magi-Galuzzi、Marina Magistrelli、Giulia Marchetti、
Vince Marconi、Dave Margolis、Lucio Massacesi、Luigi Mazzone、
Gianluigi Mazzufferi、Julia McBrien、Severino Mingroni、Bob &
Maureen Mittler、Martha Mock、Paolo Molinelli、Donata Morandi、
Laura Morbidoni、Marco Morresi、Miki Muller-Trutwin、Michel
Nussenzweig、Una O'Doherty、Walter Orenstein、Alex Ortiz、Tanja
Ouimet、Sara Paganini、David Palesch、Marilisa Palumbo、Gianfranco
Pancino、Davide Patregnani、Diego Pavesio、Livia Pedroza-Martins、
Marco Perduca、Carlo Federico Perno、Claudia Piccoli、Guido Poli、
Nicola Pomaro、Gustavo Reyes-Teran、Doug Richman、John Roback、
Jeff Rogers、Alessandra Rucci、Maria Santoro、Andrea Savarino、
Federico e Luca Savelli、Ray Schinazi、Joern Schmitz、Rafick-Pierre
Sékaly、Matt Sharp、Viviana Simon、Tracye Sine、Donald Sodora、
Hugo Soudeyns、Silvija Staprans、David Stephens、Henrik Streeck、
Vikas Sukhatme、Marco & Stefano Tarozzi、Marcello Tavio、Velislava
Terzieva、Rita Tiller、Viola Tofani、Carlo Torti、Linda e Jim Tura、Valeria
Valenti、Thomas Vanderford、Stefano Vella、Fabrizio Volpini、Martha
Walsh、David Watkins、Sharon Weiss、Mina Welby、Susan Wolfson、
Mary Woolley、Michelle Zanoni、Abba Zubair。

此外，没有我的好朋友 Marco Bartolini、Romeo Bascioni、Gianluca

Ceccarelli、Francesco Cecchi、Andrea Celidoni、Moreno Cicetti、Silvia Corinaldesi、Brenno Costanzi、Leonardo Curzi、Letizia Dal Zompo、Caterina Di Mauro con Francesco、Paola Fabri、Carminio Gambacorta、Massimo Marcellini、Leonardo Marcheselli、Mirko Paiardini、Barbara Paiardini、Giancarlo Passarini、Paolo Petrolati、Giovanni Pomponio、Paolo e Catia Pucci、Giovanni Rocchetti、Gloria Rocchetti、Edoardo Scacchi 和 Stefano Serresi 长久以来的支持，本书绝无可能完成。我没有血缘上的兄弟，但是我有一位精神上的兄弟，他是 Paolo Santini，我要感谢我的这位兄弟及他的家人长久以来为我的付出。

我最要感谢的是 Ann、Clara、Giovanni 和 Nicholas，没有他们，我的生命将没有意义。

本书中出现的所有错误、遗漏，以及不准确所导致的结果都由我一人承担。

注释

1. 由免疫力构建的城堡

　　①显然希腊语 dendron 是树的意思。在医学和生物学领域会大量使用拉丁语、希腊语，这对我这个在美国生活、在美国大学教书的意大利人来说实在是一件好事，所以我把它单独列出来同大家分享[1]。每次看到有学生死磕拉丁语、希腊语，我都会感到巨大（原文 magnificent，源自希腊语 magnus 和 facere，意即"伟大""做"）的满足。

　　②不幸的是，做海胆好还是做人好这个问题还没有答案，因为它内在的哲学含义也不是很清楚。不过即使从一个更愤世嫉俗的角度出发，这个问题仍然是开放的。支持做人好的证据有潘多拉蛋糕、莫扎特音乐、尤文图斯，而支持做海胆好的证据有寿司、综艺节目《老大哥》、国际米兰。

2. 生命的边界线

　　①炎症反应是免疫系统的一种典型反应，表现为凯尔苏斯所说的五种症状：红、痛、肿、热，以及功能障碍。比如，发炎的手指红肿、发热、疼痛并且无法正常书写。发炎反应是由很多原因导致的，其中就包括很多种类的感染。一方面，免疫反应的目的是消除有害刺激；另一方面，免疫反应也可能对自身造成伤害。当然也存在非感染性炎症（典型例子就是心脏病发作后出现的炎症）以及没有炎症出现的感染，很多病毒感染都是不会出现炎症的。

---

[1] 意大利语源自拉丁语，而且意大利语有很多希腊语词，所以，对母语是意大利语的人来说，学习拉丁语和希腊语难度不是很大。——译者注

3. 我们即是病毒

①在物理学中，黑体是吸收所有种类电磁波的理想物体，但是也会发射出频率与其自身温度成正比的电磁波（维恩位移定律）。在室温下实际上是黑色，随着温度的升高，它先显示为红色，然后是蓝色，最后显示为白色。如果不去深究的话，那么可以说到目前为止全部都很清楚。但是当尝试使用维恩位移定律和其他经典物理学定律来计算黑体辐射电磁波的能力的时候，人们注意到对于高频电磁波（紫外线等）的情况，计算得到的结果往往和我们的日常经验是相反的。

②现如今，双链DNA模型已经完全被我们接受，以至于无法想象还能有别的表示DNA结构的模型。但是，在沃森与克里克提出DNA双链模型之前，DNA的分子结构一直是科学讨论和推测的主题，因为当时提出的很多DNA理论模型也都与DNA包含生命一代一代延续所需要的遗传信息的观点相一致。想知道更多详细信息的话，我推荐大家阅读詹姆斯·沃森的著作《双螺旋》。

③英国的科学家罗莎琳·富兰克林并没有裴顿·劳斯幸运，她所做的DNA X射线衍射实验对于DNA双螺旋结构的发现是至关重要的。罗莎琳·富兰克林在1958年死于卵巢癌，年仅37岁，因此无法作为诺贝尔生理学或医学奖候选人，因为诺贝尔生理学或医学奖无法追授。

④几年后，当罗伯特·加洛参与发现了艾滋病逆转录病毒（现在大家都称这种病毒为HIV）时，他决定将它命名为HTLV-3，因为他认为这是一种δ–逆转录病毒。如今我们知道艾滋病病毒是一种典型的慢病毒，因此属于另外一个病毒属。众所周知，弗朗索瓦丝·巴尔–西诺西所在的巴斯德研究所是世界上第一个发现艾滋病逆转录病毒的研究团队。

4. 人类与病毒

①之所以被称为"西班牙流感"，是因为第一次世界大战期间，在法国、英国、德国，以及美国等国家发表关于传染病的消息要受到几个月的审查，只有西班牙的媒体做了关于疫情的报道（众所周知，西班牙在

第一次世界大战时保持中立），因此人们以为这是一个带有"西班牙血统"的传染病，这当然是错误的。

②多年之后再阅读詹纳的《疫苗接种历史》，我依然很激动，也很震撼。1796 年，詹纳在一个名叫詹姆斯·菲普斯的小男孩身上做了接种牛痘的实验，几周后男孩感染了轻型天花，之后又患上了重型天花。现在如果没有研究中心道德委员会的批准，此类实验是绝对不会进行的。这还不是主要的，当时最严重的问题是接种工具无法灭菌，很多人接种了疫苗之后死于细菌感染和败血症。

③在医学术语中，病毒被称为"机会主义者"，因为它们会利用免疫系统虚弱的间隙成功将自身植入到宿主体内。

④媒体把马尔堡病毒、埃博拉病毒所引发的疫情（包括并未造成实质性伤害的雷斯顿疫情）炒得很热，书籍与影视剧起到了推波助澜的作用，这其中就包括普雷斯顿的《血疫》，以及 1995 年由沃尔夫冈·彼德森拍摄的电影《极度恐慌》，达斯汀·霍夫曼在这部电影中扮演的医生角色，堪称电影史上最不靠谱的医生。

5. 黑桃 A

① 1981 年，卡波西肉瘤被认为是一种具有"特发性或隐源性病因"的疾病，也就是说人们并不知道这种疾病是怎么来的。到了 20 世纪 90 年代，人们发现这种肉瘤是由某些病毒引起的肿瘤，尤其是人类疱疹病毒 8 型（HHV-8，Human Herpes Virus 8）和卡波西肉瘤相关疱疹病毒（KSHV, Kaposi's Sarcoma-associated Herpes Virus），它们是传染性单核细胞增多症病毒和口腔疱疹病毒的远亲。HHV-8 通常不会引起任何疾病，但如果宿主的免疫防御系统无效，则可能引起卡波西肉瘤。根据本书第二章关于病毒分类的内容，HHV-8 属于"大块头"病毒，但是相对温和。事实上，像所有疱疹病毒一样，HHV-8 也喜欢和宿主达成共存平衡关系，在少量的细胞中完成自我复制（或者活下来）。

②由于这一发现，弗朗索瓦丝·巴尔－西诺西与吕克·蒙塔尼在 2008 年获得了诺贝尔生理学或医学奖。关于蒙塔尼与加洛在 20 世纪 80 年代的争论（后来因为诺贝尔生理学或医学奖未授予这位美国科学家争

论又起）我在这里不做评论。我唯一想说的是，科学研究不需要这样子，作为科研工作者，我们工作的唯一目的就是增长知识，拯救更多的生命。

③血友病是一种遗传性凝血功能障碍的出血性疾病，是由一种称为凝血因子Ⅷ的蛋白质异常且功能失调引起的，该因子能够凝结血液，从而减少受外伤或内伤时的出血风险。血友病是一种改写过历史的疾病，我们可以想象如果沙皇尼古拉斯二世或罗曼诺夫家族至少有一位健康的男性继承人，那么在十月革命之前，即沙俄最后的几年里历史完全可以沿着另一种轨迹发展。在 20 世纪 70 年代和 80 年代，人们通过凝血因子Ⅷ来治疗血肿，这些浓缩物是从许多人的血液中制备的，这些人的蛋白质是"正常的"。但不幸的是，在数量众多的捐赠者中只要有一位是 HIV 阳性，那么所有的受试者都会受到影响。

④即使是最有道德感的人也会承认，如果一个人想要谴责某种行为，至少可以避免因为无意和意想不到的后果而不分青红皂白地去谴责，这明显是一种逻辑错误，是需要避免的。

⑤我在这里向大家介绍一个功德无量的名为基本药物普及（Universal Access to Essential Medicines）的组织（http：// www.uaem.org），该组织在国际上促进了发展中国家治疗致命疾病的药物的供应。UAEM 的方法特别有趣，因为它建议学术机构在与大型制药公司签订的合同中加入特许条款（这些机构发明了全球 90% 的药物），要求制药公司在发展中国家以低价出售药品。但是制药公司担心药品以低于成本的价格卖给发展中国家的政府后，药品会被走私回发达国家，在黑市上出售，给股东造成严重的经济损失，甚至会影响到数以百万计的普通储蓄者和养老金领取者。尽管这种担心是合理的，但如果我必须在金钱损失的风险和死亡的确定性之间做出选择，我完全支持 UAEM 提出的策略。

⑥我不明白这样一位因为在致癌机理研究方面取得成就，从而当选为著名的美国国家科学院院士的科学家，为什么会无视那么多驳斥他关于艾滋病的论断的无可辩驳的证据。不幸的是，一些成功的科学家都有着共同的弱点，这些弱点可能源于拥有了超乎常人的知识而衍生出来的傲慢、控制欲，以及脆弱的心理，这些弱点会导致一个悖论的出现，即科学家在有了重大科学发现之后，应当立即退休，以免阻碍下一个重大科学发现。

　　⑦查巴拉拉－姆西曼于1999—2008年任职南非卫生部长期间（塔博·姆贝基执政时期），在非洲部落文化的传统治疗模式与西方医学建立的合理模式之间，极力拥护前者，诋毁后者，并于2008年2月再次宣布南非不能支持与参与西方医学主导的医学科研，禁止本国采取西方国家的抗艾滋模式，要捍卫非洲文明。她声称大蒜、萝卜就能抗击艾滋病，而抗逆转录病毒药物即使说不上有害，至少也是无效的。她所采取的这一系列举措的理论基础都来自杜斯伯格提出的HIV不是导致艾滋病的元凶的理论——这一理论为其追随者所支持，但遭到科学界其他人士的反对。在南非，抗逆转录病毒药物直到2003年才开始使用，由于之前的拖延，有数十万人死亡，并且造成了巨大的经济与社会损失。2006年8月，联合国南非艾滋病调查特使用"迟钝、迟缓、疏忽"这三个词描述南非政府应对艾滋病的举措。姆贝基于2008年9月辞任南非总统，同年被南非非洲人国民大会（非国大）开除。查巴拉拉－姆西曼继续留在非国大中央委员会及比勒陀利亚政府部长议会任职，于2009年去世。杜斯伯格在加利福尼亚州大学伯克利分校教授分子与细胞生物学。世界就是这样运转的。

6. 艾滋病病毒从何而来

　　①其他地区的猴子在自然环境中不会感染SIV。
　　②在16～19世纪，数以百万计的非洲人被贩卖到美洲大陆，他们主要来自几内亚湾附近地区，作为奴隶在棉花种植园、甘蔗种植园，以及其他作物种植园里工作，Maafa的悲剧必须推动人类进行反思：在整个社会并未建立和维持必要的道德行为准则的时候，你是否会因为具体的经济利益的诱惑，而忘记基本的人性和对人的尊重？另外，病毒学家也很想知道Maafa并未导致HIV-1和HIV-2等病毒从非洲大陆传播开来，能否成为SIV在相对较近的时期才从猴子传给人类的有力证据。
　　③关于艾滋病起源的"黑心理论"认为，艾滋病的产生与比利时人在刚果建立的殖民地有关，当时欧洲人强迫当地人开采该地蕴藏丰富的矿物，并设立臭名昭著的劳动集中营。这一理论由吉姆·摩尔于2000年提出，该理论与艾滋病病毒跨物种传播源于黑猩猩意外将病毒传播给

人类的观点完全一致，也与一些研究所认为的早期传播事件发生的时间相符。摩尔认为劳动集中营中使用未经消毒的医疗器械（尤其是注射器），卖淫现象泛滥，以及当地人总体健康状况堪忧，是促进艾滋病传播的核心因素。这一理论当然应该认真对待，但是那些证明了当时的劳动集中营中存在 HIV 的研究并不能证实这一点。

④把《少年维特的烦恼》与普契尼的《蝴蝶夫人》的创作都干巴巴地归功于我们强大的基因，实在是让人不太好理解。我就是个长了一颗做梦的心，脑子却又要做科研的人。这实在是矛盾啊。而当这种"人格分裂"几乎让我喘不上气的时候，出现了一根救命稻草——可以让我把激情与现实结合起来，那就是对尤文图斯的爱。

7. 肉搏

①与所有情况一样，每条规则总有例外，而这种情况下的例外就是黑猩猩，尽管黑猩猩感染 SIV 远不如人类感染 HIV-1 严重，但也会增加黑猩猩的死亡率。本章中，我将重点介绍那些感染了 SIV 但几乎无症状的猴类。

②有一件事很讽刺，当亚特兰大的疾病预防控制中心（CDC）准备着手调查这种在同性恋人群中传播的疾病的病因时，在距 CDC 仅一步之遥的耶克斯国家灵长类动物研究中心，就有一群感染了 SIV（为 HIV-2 的来源）的白枕白眉猴，正不受干扰地好好活着。

③当科学家们发现他们的某个科学发现竟然如此显而易见的时候，他们会觉得自己很蠢。就连从根本上动摇了我们对世界的感知的爱因斯坦的狭义相对论，仔细想想的话，如果我们能够以开放的心态思考这一事实——光在宇宙中的各个方向上的传播速度都是相同的，那它也够明显的了。就像我奶奶说的一样，事后回头看，即使白痴也能表现得很聪明。

④如果一位科学家有了基础性发现，那么不论在思想上还是在学术上，他都会变得很有影响力。而且如果他之后醉心于为他挣得名声与荣耀的那些发现成果，那么对新想法他可能会持抵制态度，尤其是那些可能会推翻自己之前发现的新想法。

⑤在生物学中，体外实验[1]和体内实验之间的对比是科学家讨论的经典话题。总而言之，体外实验是通过从人或动物身体上提取细胞并将其放入试管中进行的实验（因此，"玻璃"一词一直沿用至今，尽管今天所有的试管都是塑料制的），可以通过多种方式处理细胞，例如添加病毒。而体内实验涉及对活体动物进行整体检查。体外实验的支持者认为体外实验通常更简单、更快、成本更低，并且可以更好地了解研究对象的动态。体内实验的支持者反驳说，生命本身就意味着是活着的，而不是活在试管中，正如生命这个词本身所表明的那样。因此，体外研究的每个结果都必须得到验证，直到证明其体内实验也取得相同的结果为止。

⑥实际情况要更复杂一些，因为严格意义上讲，细胞在感染后一天左右就死亡的事实并不一定意味着它是被病毒杀死的。它可能死于某些"自然原因"，就像那些被激活的 CD4+T 细胞经常发生的那样，或者被已经识别出它被感染的细胞毒性 T 淋巴细胞杀死（一种安乐死）。

⑦最近发现一些分子，当它们在 T 淋巴细胞（CD4 和 CD8）表面表达时，细胞就会处于功能低下的状态，我们称之为"衰竭"。但奇怪的是，导致这些细胞"疲劳"的介质是由细胞持续性的激活引起的，就好像细胞在以拔掉插头罢工的形式来回应过多的工作一样。

⑧默克公司生产的这种疫苗是由腺病毒家族中的一种病毒组成的，这种病毒被称为人类 5 型腺病毒或 AdHu-5，它首先让病毒无法复制，然后经过基因修饰，使其可以包含 HIV 基因组的某些片段，因此由其基因产生的蛋白质可以诱导针对艾滋病病毒的免疫反应。

8. 卡尔·林奈的错误

①白枕白眉猴是进化适应方面的典型例子，它被 SIV 感染之后，只会让病毒杀死那些对免疫系统功能不太重要的淋巴细胞。我们还没有完全弄清这种进化的基因机制，但无可辩驳的是，SIV 在白枕白眉猴种群

---

[1] 意大利语也称其为玻璃试管内的实验。——译者注

内的存在，极大地改变了它们的基因组，改变了它们本身的性质。

②科学，特别是生物学的历史，并不是由所研究的现象的绝对规模决定的，而是由我们人类的意志决定的，即取决于我们是否对某一特定的生物现象感兴趣。自科赫和巴斯德辉煌的开端以来，微生物学，即研究微生物的生物学分支，实际上一直将注意力集中在那些能够引起人类严重疾病的细菌和病毒上。病毒这个词（virus）源自拉丁语 virus，原义是"毒药"。实际上，绝大多数病毒是完全无害的，包括大量寄生在海洋中的细菌、原生动物、浮游生物，以及某些特殊情况下其他种类的病毒上的病毒。最近的一种理论表明，海洋病毒的总量是海洋细菌的十倍，而海洋细菌的总量是原生动物和浮游生物的十倍，而后者又是鱼类的十倍。从字面上看，我们所有人都生活在病毒的海洋中。

③FIV 于 1987 年在加利福尼亚州的一家猫舍被发现，人们观察到许多出生不太久的猫不明原因死亡。后来在一份 1968 年的猫样本中也发现了 FIV，这样一来，人们不可能注意不到它与人类艾滋病疫情在时间上的接近，由此产生一个问题：这仅仅是巧合，还是这两件事是相互关联的呢？

④对那些从哲学上将变化视为先前存在模式的终结的人们来说，每一种适应进化基本上都代表着原先物种的"死亡"，以及"新"物种的诞生（或许新老物种之间的基因差异只有 0.01%，但是这一点不同已经足以让新的物种能够适应新病毒，最终和它成为共生体）。套用赫拉克利特的话来说，"没有病毒可以在同一物种中传播两次"。在进化生物学中，"固定"一词用于精确描述以下事实：某个物种的一群个体获得了某种遗传特性，使它们能成功适应特定类型的环境压力（在这种情况下的环境压力为感染）。

⑤本书没有对"猪流感"做过多讨论，它也许可以算得上是第一种"元传染病"——这种传染病间接造成的死亡远比直接造成的死亡多。"猪流感"导致的"间接"死亡是由世界卫生组织的过度警惕造成的，该组织于 2009 年 6 月 11 日宣布："世界现在处于 2009 年流感疫情的开端。"ˣ 世界卫生组织因某些程序的不透明而饱受批评，并被怀疑屈从于制药公司的利益，因此在某些方面正经历前所未有的信誉危机。在陈冯富

珍宣布流感疫情几年后，人们已经很清楚：疫情的严重程度被严重高估，导致了公共卫生优先级的扭曲（欧洲委员会的初步报告，报告中再次提到科恩和卡特的言论[xi]）。例如，世界各地的急诊室都被轻症患者挤满，真正需要治疗的病人却因医护人员无暇救治而死去，他们的死亡就是间接因素导致的死亡。应当指出，好些年前，在"9·11事件"双子塔被袭及随后的炭疽攻击事件之后，世界第一次（希望是唯一一次）经历了一场虚拟的元传染病，即生物恐怖主义。在部分真实部分被利用的恐惧的推动下，非传染性的生物恐怖主义正在抢夺癌症、阿尔茨海默病、心血管疾病，当然还包括那些真正致命的传染性疾病，如艾滋病、疟疾、肺结核等疾病的生物医学研究资源，这可能造成了数千甚至数百万人的死亡。

⑥当然，否则为什么要承担这个巨大的遗传负担呢？一支庞大军队的存在并不意味着这支军队可以经常被使用。是不是觉得这种说法有点矛盾？这有点像拉丁语中的"两方对阵，没有一方出战"，或者说符合冷战中那可怕却又合理的逻辑——正是核武器的强大破坏力创造了长期的和平。从这个角度来看，免疫系统所拥有的强大力量并不在于对抗微生物的攻击（众所周知，微生物不会做出理性的选择），而是形成了一道有效的"边境哨所"，正如第一章所讨论的那样，它可以最大限度地减少战争。

⑦"基因上的相近"这一术语可以简单地理解为具有"亲属关系"。趴在我腿上的小猫托马斯在系统发育上的关系与老虎更接近，而与在我的花园树上跳跃的松鼠之间关系很远，与我早餐吃的鲑鱼之间的关系更远，与偷偷摸摸溜进厨房被我踩扁的蟑螂之间的关系最远。

⑧有趣的是，某些与人类在日常生活中有密切接触的物种产生了看似十分矛盾的进化。例如，如果我们根据目前仍存活的属于该物种的个体数量来判断原牛（畜养牛的祖先）的进化，那么毫无疑问它的进化很了不起；但是，如果以抵抗环境变化（例如面对自然选择的挑战）的能力来判断，那么经过数万年的驯化，这一物种实际上变得更加脆弱了。

⑨大多数情况下HIV与其他微生物的相互作用会使艾滋病和共存微生物导致的疾病（特别是结核病）恶化。这种机制其实非常简单：感染

HIV 之后，宿主的免疫防御能力会逐步遭到破坏，此时某些不怀好意的微生物便有了可乘之机。

9. 可实现的共存

①实际上，艺术和诗歌的创作过程中总有某个"撕裂"的时刻，如果你愿意的话，也可以称为对抗的时刻——与既有的艺术—文学范式的对抗，从而实现作为文学艺术创造力基础的创新，或者至少激发创新潜力。

②在动物界中，至少有几个其他经典的替代方法可以解决究竟是战斗还是共存这一难题：逃跑或者假死。一方面，逃跑是一种经常用来解决问题的办法，但却意味着你别无选择。毕竟逃跑本身就是一种失败。当然对免疫系统而言，实际上根本不可能选择逃跑。我们的免疫细胞可以逃跑到哪里而不会拖累身体的其余部分呢？毕竟，我们的星球上没有任何地方是没有病毒、没有细菌的。另一方面，假死是一种消除潜在危险的策略，该策略正是利用了许多食肉动物只专注于移动的猎物这一事实。这是因为从进化上讲，任何已经死亡的猎物的身体或多或少已经处于分解阶段了，食腐通常都会导致感染或食物中毒。假死也会应用在人际交往的场合。一个经典的例子是婚姻生活中的假死，比如太太问丈夫刚买的新衣服和前一天晚上穿的衣服哪个更漂亮的时候。

③根据一种相当流行的心理学理论，通过回答简单的问题即可揭示某些人格特质。例如，对"2+2 是多少"这个问题，明智而又平和的人回答"4"；乐观主义者回答"5"；悲观主义者回答"3"；沮丧者回答"4"，但他说的时候很悲伤；精神分析家会反问"你最近做过什么梦？"；疯子回答"今天是星期天"；而冲突型人格的人会生气地说"你怎么敢问我这么愚蠢的问题呢？"

④我希望得到从事肿瘤研究的同行的宽恕，因为我过度简化了肿瘤的发病机理。本书的目的不是谈论癌症，而是谈论病毒和免疫系统。但是，这里将癌症视为共存失败的象征的疾病，不能简单地提一提。

10. 总之，我们是谁?

①这个数目的基因使我们或多或少被认为处于"低等"生物的水平，比如老鼠和鸡这种水平的动物，略高于蠕虫，像秀丽隐杆线虫这种蠕虫有 959 个体细胞，只有几毫米大小，甚至没有神经元。但这个问题实际上讨论起来很复杂，因为许多人类基因可以通过诸如"可变剪接"、翻译后再修饰等机制编码不同的蛋白质，这些机制不在本书的讨论范围内。然而，关键点仍然是人类基因组的灵活性通过这些机制被极大地放大，这是我们比果蝇更复杂的基础（关于人类这一物种更高等的论断并非是没道理的）。

② DNA 转座子目前无法在人类基因内运动，这可能是由于其结构变异发生在人类从类人猿（例如大猩猩、黑猩猩和红毛猩猩）分化出来之前。不同灵长类物种之间的遗传比较分析表明，DNA 转座子在大约 3 700 万年前的某个时期特别活跃，在此期间许多灵长目下的科和属都进行了非常动荡的进化。换句话说，如果您的邻居是个白痴，您就不能怪 DNA 转座子将他的同情基因一分为二了。

③基本上生物学家与化学家的幽默感是相似的，他们喜欢为发现的每个新基因找个越来越深刻的名字。这种开玩笑的趋势在医学遗传学家中比较少见。例如，想象一下，你不得不向一个年轻人解释，由于口袋妖怪基因发生了突变，他只能活 3 个月了。

④该估算包括了所有作为 ERV 逆转录转座子的基因元件，其中 LTR 区段和 gag 基因是可识别的，也有许多元件（当然不是全部）包含 env 成分。

⑤ HERV–K 有趣的另一个原因是其插入人类基因组的过程很活跃：有些人的 HERV–K 插入基因组的位置与其他人不同（这种现象被称为"等位基因多态性"）。实际上，虽然其他 HERV 基本上已经死亡，因为它们似乎既不能够繁殖或者产生蛋白质，也不以任何方式影响其他细胞基因的表达，但 HERV–K 仍是活跃的。自从我们与黑猩猩分化开来，在大约 600 万年的历史中，在人类身体中已经发生了 15~20 次完整的原病毒基因组（因此它具有潜在的功能）插入到人类基因组的情况。尽管到目前为止尚不可能在人类细胞中分离出活跃的 HERV–K，但有可能从特

定表达系统的克隆序列中观察其体外复制的情况。

⑥在说完芭芭拉·麦克林托克的遭遇之后，再来谈"尊重怀疑论者设置的障碍"多少有点讽刺。实际上从某种意义上说，上述事件说明了相同的事情，即任何新理论，特别是真正具有革命性的理论，都必须得到非常强有力的实验数据的支持。毕竟，即使科学界的回应引起了麦克林托克博士的极大焦虑和紧张，但值得记住的是新的实验技术一出现，她的理论就被怀疑论者接受了（她的优点也得到了承认）。

11. 一生

①我希望聪明的读者朋友们可以原谅我的这些琐碎甚至有些像废话的言论，比如人只会死一次或邮递员总是按两次门铃。我很好奇，为什么一些很明显的事情会被人们忽略掉呢？例如计算一个国家的平均经济福利，从统计学的角度来看，相比于计算平均收入，计算中位数明显是更好的办法，但实际上媒体经常会使用平均值而非中位数。这是因为：当财富越来越多地集中到少数人手中时，显然平均收入（而不是中位数收入）也会增加，就像当下社会正发生的这样。另一个很明显却被人经常忽略的例子是：从历史的角度来看，只有科学技术的进步（而不是政客的话）才能大大改善贫穷的人的生活条件。就此打住吧，我已经意识到我离题了。

②鸭嘴兽，一种非常奇怪的动物，形态明显介于鸟类甚至常见的爬行动物和哺乳动物（如狗和猫），而且还产卵，这激发了很多科学家以及非科学家的研究兴趣。这种澳大利亚特有的动物甚至在翁贝托·埃科（意大利著名符号学家）一本书的书名中与康德放在一起（《康德和鸭嘴兽》[xii]）。这本书讨论了当人们遇到从未见过的事物时发展出新的语言和感知的能力。事实上，从生物学和生理学的角度来看，单孔目本身并没有什么奇怪之处，它们只是很罕见而已。如果世界上全都是单孔目哺乳动物，其中一些可以两腿行走，有的可以写书，而仅仅存在一种可以将幼崽产到体外，且生下来就很漂亮的兔子，那么我们的符号学家朋友会下蛋，并且写出关于这种怪异兔子的书也就不足为奇了。

③胎儿的基因构成一半来自母系染色体，一半来自父系染色体，因

此对母体而言它是外来的。在大多数情况下不会发生针对胎儿的排异现象，这种机制叫作"免疫耐受"。

④根据定义，胎盘这一器官对生殖而言是绝对关键的，它的功能受到自然选择的压力的直接影响。如果胎盘不再有用了，那么自然选择很快就会淘汰掉它，如果胎盘很有用，那么自然选择会有效地将它保留下来。

⑤这种现象的一个典型的例子就是风疹病毒，对于成人和儿童，风疹病毒实际上是无害的，但当胎儿感染这种病毒之后会引起严重的问题。

⑥我认为值得一提的还有天使以及其他有翅膀的神话生物，比如飞马。从古典的图画看来，天使走的是昆虫的路子，因为他们不但长出了翅膀，也没有失去上肢的功能。我不会介意写一本关于这个主题的书（天使和昆虫），可惜其他人已经有同样的想法了。

⑦对于想了解更多的读者，我补充一点，合胞素源自两种逆转录病毒，分别名为 HERV-W 和 HERV-FRDs。

⑧很少有人知道克隆羊多莉源自一个乳腺细胞的细胞核。事实上据伊恩·维尔穆特回忆，他之所以选多莉这个名字是因为他觉得这只克隆羊不过是一个巨大的乳房，这让他想到了乡村歌手多莉·帕顿。要知道，帕顿可是个"人间胸器"。

⑨在动物学和植物学中，人们会用术语"种类"或"门"来定义一大类动物或植物。经典动物学分类是软体动物、节肢动物（它们又被分为蜘蛛、昆虫、甲壳类和多足动物）、腔肠动物，比如水母，以及脊索动物，所有的脊椎动物都属于脊索动物。

12. 最后一顿晚饭和第一顿早饭

①人们需要靠聪明才智将本该受到镇压的事物隐藏起来。

②回想一下，从哲学的角度来看，其实没有好的或坏的 DNA 序列，只有在一定环境压力下具有选择性进化优势的 DNA 序列。例如，在大多数情况下，具有血红蛋白变体基因的红细胞的功能会稍差一些，因为这个基因导致了红细胞柔韧性降低，这显然是不利的，但这种缺陷却可以保护其免受恶性疟疾的威胁。回到基因治疗，用来替代"致病基因"

的"正确"序列是这样的：存在于大多数人群中，与任何临床问题均不相关。也就是说，我们需要记住在基因突变导致成年后无法正常生活极端情况下，"病态基因"一词的使用是普遍接受的。

③2009 年 10 月，在泰国进行的一项临床试验（称为 RV-144）的结果被公布，其中有 16 000 人接种了实验性的 AIDS 疫苗，他们需要进行为期几年的检查。结果表明，接种疫苗的人与未接种疫苗的人相比，感染的风险降低了 31%：这是一个有限的结果，但是与以前效果微不足道甚至有害的实验相比，不能不说它是鼓舞人心的。在 RV-144 实验的 HIV 免疫方案的组成部分中，有一种基于金丝雀痘病毒的病毒载体，金丝雀痘病毒是可怕的人类天花病毒的近亲。一种有害的病毒再一次以正确的方式转变为有益的病毒。

④2005—2010 年这段时间，我作为副教授与临床病毒实验室主任与威尔逊共事。我们的关系不错，尽管我们是老熟人了，但是我还是会用最客观最透明的方式来讨论基尔辛格事件。

⑤基因治疗继续取得了长足进步。近年来，人们对所谓的 CRISPR / Cas 技术给予了极大的关注，这种新技术可以选择性地修饰真核细胞（例如人体细胞）的基因。对该重要技术的广泛讨论超出了本书的范围。有兴趣的读者可以阅读 F. 希尔等人发在《细胞》上的那篇论文[xiii]。

词汇

核酸　由核苷酸组成的大分子，负责携带生物遗传信息。核酸有两大类：脱氧核糖核酸（DNA）和核糖核酸（RNA）。

适应　生物为了在不熟悉的环境下生存繁衍，所做出的一切形态结构和生理机能上的改变。

黏附分子　位于细胞表面的蛋白，可以使具有该蛋白的细胞与其他细胞或组织结合，从而调节免疫系统细胞在体内的运输。

感染原　能够引起感染的微生物，例如病毒、细菌、真菌和寄生虫。

艾滋病　获得性免疫缺陷综合征，是一种由人类免疫缺陷病毒（HIV）感染造成的疾病。HIV 攻击人类免疫系统，使人体丧失免疫功能，引发机会性感染和恶性肿瘤。艾滋病的主要传播方式包括性传播、血液传播，以及母婴传播。

过敏　免疫系统对通常不危险的物质（比如花粉、螨虫）的过度反应。

同种异型抗原　不同人类个体之间存在抗原性差异的免疫反应的情况。抗原识别是通过细胞膜表面名为 HLA（人类白细胞抗原）的特殊分子介导的。

氨基酸　蛋白质的组成成分（总共 20 种氨基酸），它们的序列是由 DNA 和 RNA 编码，并由 RNA 执行。

过敏性休克　机体暴露在本身无害的抗原环境后所引发的免疫反应，这种免疫反应的特征是急性并且可能致命。

抗体　机体（特别是 B 淋巴细胞）产生的一种具有保护作用的物质，适应于对抗原的抵抗机制（常见抗原有细菌、毒素等）。

抗原　任何能够刺激免疫系统产生抗体的异物（通常是蛋白质），即能够触发以产生抗体为特征的被称为"免疫反应"的防御性反应的异物。

人类白细胞抗原　详见 HLA，Human Leucocyte Antigen。

抗癌基因　如果发生突变，肿瘤抑制基因就不能再发挥其保护作用，细胞就会发生癌变，通常会与其他基因变化相结合。

抗逆转录病毒药物　能够抑制逆转录病毒复制的药物。

细胞凋亡　细胞的程序性死亡，这是一种（严格）由基因决定的死亡，类似于将过度"磨损"的细胞进行"报废"的过程。对多细胞生物而言，让那些耗尽能量的细胞程序性死亡是其生命周期中很常见的一个过程。

ART　详见抗逆转录病毒药物。

组装　形成逆转录病毒衣壳的蛋白质聚合在一起的过程。

自身免疫　一种针对自身细胞分子及组织发生免疫反应的临床表现，由此可对"自身免疫性"或"自我攻击性"这一病理进行定义，会导致红斑狼疮或类风湿性关节炎这一类疾病。这种免疫反应是由防御机制的紊乱或失调引起的，并且针对的是自身的组织，而非外来病原体。

细菌　原核单细胞生物（无核），在许多情况下会导致人类患病。

生物学　研究生命有机体及其与环境相互作用的科学。

细胞生物学　研究细胞、细胞的结构、细胞的成分及其相互作用的科学。

分子生物学　从分子水平研究携带遗传信息的生物大分子（DNA和RNA）的结构与功能，从而阐明生命现象本质的科学。

生物医学　生物学在医学领域的应用，重点研究生物在受到创伤或者患有遗传病、慢性炎症和肿瘤等疾病，以及遭遇感染之后的反应。

衣壳　包围着病毒或逆转录病毒基因组的蛋白质外壳。

病毒载量　血液中病毒的数量。就 HIV 而言，病毒载量可以作为标记跟踪疾病进展的有效工具。

CD4　辅助性 T 细胞的别称。

CD8　杀伤性 T 细胞的别称。

细胞　能表现生命特性——产生、发育、自主繁殖的最小单位，也是复杂生物的基本单位。在人类中，细胞由围绕细胞质的细胞膜组成，细胞质位于细胞核与细胞膜之间，DNA 位于细胞核内。细胞质包含最重要的细胞元件，即线粒体和内质网，线粒体为细胞提供运行所需的能量，内质网是合成产物的场所。真核细胞包含细胞核和细胞质，两者都被膜包围。原核细胞没有细胞核。细菌是典型的原核细胞。真核细胞通常专长于在体内执行特定功能，通常位于由许多细胞共同工作的较大的组织中。例如神经元或神经细胞，它们是神经系统的一部分，通过大脑向神经系统传输信息。细胞的结构、类型和功能由其细胞核中所含基因的表达方式决定。涉及细胞及其功能的生物学分支是"细胞生物学"。

B 细胞（B 淋巴细胞）　一类重要的淋巴细胞，在骨髓和淋巴结中成熟。它产生抗体并且在很大程度上负责体液或抗体介导的免疫反应。浆细胞来源于 B 细胞，是抗体的主要生产者。同义词：B 淋巴细胞。

抗原呈递细胞　抗原呈递细胞是指能够摄取、加工处理抗原，并将处理过的抗原呈递给 T 细胞的一类免疫细胞。

记忆（免疫）细胞　记忆细胞是体液免疫中由 B 细胞分化而来的一种免疫细胞。体液免疫中，吞噬细胞对侵入机体的抗原进行摄取和处理，呈递给 T 淋巴细胞，T 淋巴细胞再分泌淋巴因子刺激 B 细胞增殖、分化产生浆细胞和记忆细胞，记忆细胞对抗原具有特异性的识别能力，当抗原第二次感染机体时，记忆细胞可直接增殖、分化产生浆细胞，并产生抗体，与抗原结合。

真核细胞　详见细胞。

免疫细胞　能够产生具有抗感染作用的抗体、细胞因子和其他分子来帮助进行免疫反应的细胞。那些与传染病做斗争的免疫细胞，统称为"白细胞"。它们在骨髓中被连续生产出来，并遍及全身，包括血液和淋巴系统。

自然杀伤细胞（NK 细胞）　一种被称为"自然杀手"的淋巴细胞，与细胞毒性 T 细胞不同，它无须识别特定抗原。NK 细胞能与病原体结合，释放出分子破坏被附着细胞的膜，并向其中注入致命化学混合物。

宿主细胞　病毒或逆转录病毒可以在其内部繁殖或"休眠"直至被环境刺激所唤醒的细胞。病毒和逆转录病毒通过利用它们的代谢和转录能力来复制，作为整个病毒生命周期的一个阶段。

原核细胞　"原核"一词适用于任何没有细胞核的生物，例如细菌，其细胞不同于真核生物的细胞。原核细胞由 DNA 基因组、细胞质、质膜，以及鞭毛和囊膜等其他成分组成。

T 细胞（T 淋巴细胞）　在胸腺中分化成熟的淋巴细胞。不同类型的 T 细胞在免疫反应中都起着重要的作用。同义词：T 淋巴细胞。

辅助性 T 细胞　一种 T 细胞，它能够分泌一种促进细胞增殖、分化和生长的细胞因子，帮助在免疫反应中激活其他免疫细胞。

杀伤性 T 细胞　能够破坏已被识别为抗原的细胞的 T 细胞。

病毒株　1. 一组源自共同祖先的微生物，与同一物种的其他种群相比，会表现出遗传、生理，或形态上的差异。2. 基因型为不同毒株的区别特征，一个基因片段的改变就会产生一种新的毒株。

趋化因子　可以吸引白细胞，从而促进它们向组织迁移的细胞因子。

嵌合体　详见嵌合体生物。

细胞因子　白细胞和一些非白细胞产生的非抗体蛋白。它们能够与免疫系统的其他细胞进行通信（充当细胞间介体），从而促进它们更积极地抵抗感染或肿瘤。

细胞质　细胞膜界定了细胞质的范围。在真核生物中，细胞质包含许多细胞器，其中最重要的是细胞核。

细胞毒性　破坏细胞或改变其功能的物质或过程。例如，细胞毒性 T 细胞会破坏被病毒感染的细胞（在某些情况下为癌细胞）。该术语也适用于一系列抗癌药物，就像化学疗法一样，它们可用于破坏或摧毁癌细胞。

分化簇（CD）　指那些用作免疫抗原辨识的细胞表面分子。它指示出细胞的类型及其是否被激活，例如辅助性 T 细胞的 CD4 分子，自然杀伤细胞的 CD56 分子。

合并感染　在已经确认感染一种病毒的前提下又感染了另一种病毒，比如，丁型肝炎病毒只会感染乙型肝炎患者。

偏利共生　一种可以在不伤害宿主的情况下让寄生生物受益的机制。它可能比寄生虫的寄生机制更先进，因为它能够更好地保护寄生生物的栖身之所的健康，即宿主健康。

主要组织相容性复合体　详见 MHC (Major Histocompatibility Complex)。

传染　一种传染病以直接或者间接的方式，从一个个体转移到另外一个个体。

共抑制（分子）　向 T 细胞发送抑制信号的一种机制，T 细胞会影响免疫反应的激活以及发展。这些共抑制分子的表达可以保护肿瘤免受

T细胞破坏。类似地，这些共抑制分子的抑制作用能够让杀伤性淋巴细胞杀死恶性细胞，这对治疗某些类型的癌症是有效的。

共受体　病毒进入宿主细胞的次级受体。一些病毒会先将自身附着到受体上，然后再附着到共受体上。

共刺激　向T细胞发送信号的机制，代表对抗原的额外刺激。免疫应答的激活和发展取决于共刺激。

分子生物学中心法则（DCB）　弗朗西斯·克里克为了阐明DNA、RNA，以及蛋白质之间的关系而提出的模型（基因→信使RNA→蛋白质）。与所有科学理论一样，DCB也会随着新发现的出现而不断修改完善。事实上，克里克最初提出的模型并不包含从DNA到RNA这一路径，但是逆转录病毒补充了这一内容。逆转录病毒需要逆转录酶，从而实现逆转录。逆转录的发现能够拓宽我们对DNA、RNA和蛋白质这些对遗传信息表达起作用的分子之间联系的认识。

免疫缺陷　免疫系统抵御传染病的能力失常或欠缺。感染艾滋病病毒会导致机体出现严重的免疫缺陷。

树突状细胞　分布在脾脏和其他淋巴器官内的白细胞。它们带有触须的外形使它们可以将抗原包裹在触须的网络中，然后将其呈递给T细胞（T淋巴细胞）。

分裂（细胞中）　细胞繁殖的过程，会产生两个完全一样的细胞。

DNA　脱氧核糖核酸，具有对称的反向双螺旋结构，于1953年由詹姆斯·沃森和弗朗西斯·克里克发现，二者的研究是基于罗莎琳·富兰克林的数据。它是由两个连续的基本单元链组成的大分子，两条链相互缠绕，在复制过程中可以解开。DNA的基本单位是核苷酸，核苷酸由碱基、糖和磷酸分子组成。DNA是遗传信息的载体。DNA由具有腺嘌呤（A）、胸腺嘧啶（T）、胞嘧啶（C）和鸟嘌呤（G）碱基的核苷酸组成。遗传信息包含在核苷酸的互补碱基对中：A–T、T–A、C–G、G–C。DNA的复制非常准确，但是它们也可能发生随机错误（突变），通过诱变剂（例如某些外部化学试剂）和紫外线等可以增加其突变频率。

抗原漂移　详见突变。

内源的　即在被研究的对象体内。

酶　能够加速（催化）生化反应的蛋白质。如今已知的许多酶构成了生物催化剂的起源分支，这些物质即使只是少量存在也能够显著提高化学反应的速度，它们的量在化学反应过程结束后保持不变。

逆转录酶 逆转录病毒基因组会编码三种逆转录病毒复制所必需的酶：蛋白酶（PR），它将未成熟的病毒转化为成熟病毒；逆转录酶（RT），负责将单链 RNA 转化为双链 DNA；整合酶（IN），将原病毒 DNA 插入宿主细胞的基因组中。逆转录病毒酶是抗逆转录病毒疗法的重要靶标。

流行病 突然暴发，并在人群中迅速传播的传染病。

流行病学 研究疾病的发病频率（发病率）、疾病的地理和社会经济分布、抑制或促进疾病发生的因素，以及疾病演变的科学。

上皮 详见上皮组织。

遗传性 遗传特征从一代传给下一代。

外源的 即在被研究对象的外部。例如来自外部环境的用来刺激身体的电信号，即"外源的"。

表达 详见基因表达。

基因表达 基因有活性就能够表达，即转录为信使 RNA 然后以蛋白质的形式被翻译出来。

真核生物 详见细胞。

进化 在生物学中，进化是指物种世代间的变化。

吞噬细胞 能够吞噬并破坏病毒、细菌、真菌和其他对人体有害的外来物质或细胞的免疫系统细胞。

转录因子 与基因启动子（DNA 特定区段）相关联的蛋白质，可以控制基因本身的表达。

表型 生物体可观察的特征的集合。与基因相对应，但也会受环境的影响。

系统发育（系统发生） 研究物种形成与进化的谱系，通常使用"系统发生树"来研究物种之间的关系。

FIV（猫免疫缺陷病毒） 导致猫罹患获得性免疫缺陷综合征（一种严重的病毒性疾病）的病毒。由慢病毒引起，会导致猫出现免疫系统缺陷从而容易被感染。它相当于人类的艾滋病病毒，但不能从猫传给人类。

gag、pol、env（逆转录病毒基因） 逆转录病毒 RNA 的三个结构编码基因，分别称为 gag、pol 和 env，它们依次编码衣壳蛋白（gag），病毒逆转录酶、整合酶和蛋白酶（pol），以及形成病毒包膜抗原（env），这三个基因对于病毒的重组和将自己的 DNA 整合到宿主 DNA 中至关重要。在某些逆转录病毒（例如泡沫逆转录病毒和慢病毒）中，还存在称为 tat、rev、nef、vif、vpr、vpu 的调节性（或非结构性）基因，每种基因会编码具有相应名称的单个蛋白质：Tat、Rev、Nef、Vif、Vpr、Vpu。致癌性强的逆转录病毒通常在部分 env 或 pol 基因的位置具有致癌基因。许多真核生物的基因组中都存在类似的成分，称为"逆转座子"。

基因　基因是遗传的基本单位，其包含生产（合成）特定蛋白质的所有信息。有时，一个基因可以独立指导生产蛋白质，比如生产胰岛素；但是在其他情况下，会有多个基因参与指导生产蛋白质，比如生产抗体。

遗传学　自然科学领域中研究生物遗传和变化（变异）规律的一门科学。

逆转录病毒基因　详见 gag、env、pol（逆转录病毒基因）。

基因组　生物体 DNA 的完整核苷酸序列。

基因型　构成生物全部遗传物质的遗传信息集。

致病菌　致病微生物。

HAART　Highly Active Antiretroviral Therapy。详见抗逆转录病毒药物。

HIV（人类免疫缺陷病毒）　引发艾滋病的致病因子，是慢病毒属逆转录病毒家族的一种典型逆转录病毒。

HLA（人类白细胞抗原）　一种存在于人类细胞表面的糖蛋白，它决定着每个个体的生物特异性和免疫特异性。

特发性　该术语定义了所有病因未知的疾病。

免疫　身体识别、中和、消除，或代谢异物（非自身）的能力，甚至可能造成对自身组织的损伤。它包括先天免疫（也称非特异性免疫）——这是人体的第一道也是最快的防线，还包括适应性免疫（也称特异性免疫或获得性免疫）——人体的第二道防线，速度较慢，但功能更强大、更精准。在人体中，这两道防线是紧密相关的。

适应性免疫　详见免疫。

先天免疫　详见免疫。

细胞免疫　由杀伤细胞而非抗体引起的免疫行为。

体液免疫　由诸如在血液和淋巴液等体液中循环的抗体等可溶性因子提供的免疫保护。

免疫球蛋白　详见抗体。

不兼容　生理上的作用，最终导致移植器官遭到排斥或移植失败。

疾病潜伏期　通过生物或临床体征表现出来的感染所需的时间。

感染　外来因素入侵生物体组织之后产生的所有与之相关的病理表现。

机会性感染　微生物在人的免疫系统出现缺陷时引发的感染，通常免疫系统健康的人不会感染。

炎症　人体面对攻击（例如感染、烧伤、创伤等）的先天免疫防御反应。

抑制剂　产生或阻滞化学反应的物质。干扰另一个基因进行表达的代谢物或修饰基因。

整合　将逆转录病毒的基因组永久整合到宿主细胞的基因组中的过程。它是逆转录病毒的（生存）机制。

干扰素　一种对免疫系统细胞产生多种作用的蛋白质。它具有抗病毒和抗癌特性。在各种类型的干扰素（Ⅰ、Ⅱ、Ⅲ）中，Ⅰ型干扰素（α和β）专为应对病毒感染而产生。

组织相容性　详见 MHC（Major Histocompatibility Complex）。

卡波西肉瘤　一种由疱疹病毒 KSHV（卡波西肉瘤相关疱疹病毒）或 HHV-8（人类疱疹病毒8型）引起的肿瘤。通常这种病毒不会引起疾病，但是如果宿主的免疫防御系统遭到破坏（例如艾滋病患者），其复制就会引起卡波西肉瘤。该肿瘤一般会影响皮肤，但在某些情况下也可能影响内脏，如肝、肠，或肺。

临床潜伏期　指没有出现感染的临床体征的时期。病毒在潜伏期表现出的特征是没有自我复制。

淋巴细胞　一种血细胞，是脊椎动物免疫系统最重要的组成部分。淋巴细胞主要有两种类型：T 细胞和 B 细胞。

白细胞　一种无色的血细胞，在人体血液中的含量为 400 万～1 100万/毫升。白细胞有多种类型，所有这些白细胞都会参与人体的免疫防御。粒细胞、单核细胞和自然杀伤细胞介导先天免疫；属于淋巴细胞的 B 细胞和 T 细胞介导适应性免疫。

细胞毒性 T 细胞　一种特殊的 T 淋巴细胞，能够直接杀死感染了病毒的细胞。

淋巴结　淋巴系统的一部分，属于次级淋巴器官，在适应性免疫中发挥着重要作用。

血脂　包括甘油三酯和胆固醇等大分子。

高分子　大分子。

遗传物质　以 RNA（某些病毒或逆转录病毒）或 DNA 的形式（所有其他生物）存在，储存着有关繁殖、发育等的生物基本信息。

免疫记忆　指 B 细胞和 T 细胞在第一次接触抗原之后所具有的记忆能力。当第二次遇到相同的抗原时，免疫记忆会使淋巴细胞迅速复制，从而触发适应性免疫（特异性免疫）反应。疫苗就是基于免疫记忆这种机制而制造出来的。在许多情况下，免疫记忆可以确保机体对抗原的长期防御。

代谢　细胞和生物体生存所必需的生化反应。代谢对于肌肉收缩、消化、妊娠、抵抗感染等生理活动是必不可少的。

MHC（主要组织相容性复合体）　能够编码最重要的组织相容性抗原的基因家族，会导致非组织相容性个体（具有不同 MHC 基因的个体）之间器官和组织的排异反应。

微生物　包括细菌、真菌、病毒和原生动物。

调节　对基因表达的调整。这种对基因的调节增加了生物的多功能性和适应性，因为它只允许细胞在必要时表达蛋白质。

分子　分子是保持物质化学性质的最小粒子。

细胞黏附分子　详见黏附分子。

单克隆抗体　1. 与细胞或源自单个细胞的细胞产物有关。2. 是针对特定类型抗原的免疫球蛋白。

细胞程序性死亡　详见细胞凋亡。

突变　突变是组成遗传物质的核苷酸序列的随机变化，之后会接受自然选择机制的筛选。突变的结果有时并不明显，有时则会显著改变蛋白质的功能，甚至会导致严重的疾病。值得注意的是，很多种类的突变并不会改变蛋白质的功能，但是会对蛋白质起到调节作用，即改变蛋白质合成的位置、时间，或者数量。这会导致蛋白质在错误的时间、错误的细胞中合成，而且数量也会有问题，要么多要么少。在多细胞动物中，复制错误是引起突变的最常见的原因之一。其他原因还包括病毒感染、辐射、化学试剂，以及生物本身所具有的某些细胞过程。DNA 具有控制复制准确性的机制，能够在一定范围内修复突变。此外，许多生物都具有完善的系统来消除突变的细胞。突变在逆转录病毒中尤为普遍，因为 RNA 聚合酶没有校对机制，所以是变异的主要来源。

纳米　1nm=10^{-9}m。

细胞核　存在于真核细胞中。内部含有细胞中大多数的遗传物质，也就是 DNA。

核苷酸　核酸（DNA 和 RNA）由核苷酸链组成，而核苷酸是多核苷酸链的基本单元。每个核苷酸由含氮碱基、核糖和磷酸基团组成。

癌基因　也称为致癌基因，是一类能使正常细胞转化为癌细胞的基因。它最初是能够控制细胞生长与分裂的正常基因，之后发生了突变。

个体发生　是生物从孕育到死亡的进化历程。每个生物个体都在以某种方式进行着身体和行为上的进化，这取决于已经传递给它的基因及其生长环境。

肿瘤病毒　被肿瘤病毒感染后，原本正常的细胞会变成癌细胞。

病原体的机会主义　指病原体会在宿主免疫力下降的情况下乘虚而入，引发疾病。比如人类在感染了 HIV 之后就会罹患艾滋病这一"机会性疾病"。

淋巴器官　以淋巴组织为主、在体内实现免疫功能的器官，包括胸腺、脾、扁桃体等，都由淋巴组织构成，其功能与淋巴结相似，它们都能产生淋巴细胞。

嵌合体生物　在生物学中，嵌合体表示源自两个或两个以上不同细胞的生物体；以此类推在病毒学上，嵌合体表示不同的基因组在重组或重配后产生的病毒。

自然宿主　指传染病病原体的长期宿主。一般来说，与所谓的"非自然"宿主不同，自然宿主不会出现任何疾病症状。在自然宿主体内，病毒载量很高，但宿主的免疫反应较弱。

寄生虫　任何栖息在另一种生物体内并（或）以牺牲该生物体的生

理机能来摄食和生活的生物。

病原体　会引起疾病的生物（包括病毒、细菌、真菌，以及原生动物）。

PCR　为聚合酶链式反应，Polymerase Chain Reaction 的缩写，是一种利用 DNA 双链复制的原理在试管中复制特定 DNA 片段的技术。

多克隆（抗体）　一种含有多种类型抗体的抗体混合物。由不同类型的 B 细胞生产而来。

患病率　在特定人口中患有某种疾病的人数。

朊病毒　朊病毒不含核酸，仅仅是一种由蛋白质组成的致病因子。朊病毒会引发哺乳动物的传染性海绵状脑病。英语名称为 prion，最早由斯坦利·布鲁希纳提出。

原核生物　详见原核细胞。

蛋白质　蛋白质是基因中蕴含的遗传信息表达后的结果，换言之，蛋白质是基因的产物。每种蛋白质都包含特定的蛋白质信息。蛋白质是由氨基酸组成的大分子，不同的结构也会导致不同的功能。由于细胞的基本功能取决于酶、激素、受体、神经递质等各种形式的蛋白质，因此蛋白质是最重要的分子。

逆转录病毒蛋白质　逆转录病毒拥有某些执行特定功能的蛋白质：由 gag 编码的基质蛋白质（MA）围绕着病毒基因组；由 gag 编码的衣壳蛋白（CA），用于保护病毒核心，也是病毒中含量丰富的蛋白质；仍然是由 gag 编码的核衣壳蛋白（NC），它保护基因组并形成核心。在 pol 基因编码的酶中，我们发现了蛋白酶（PR），其对 gag 蛋白的分解起到了至关重要的作用；逆转录酶（RT）会将 DNA 转录为 RNA；整合酶（IN）是整合原病毒所必需的。最后是由 env 编码的病毒包膜上的表面糖蛋白（env），它是病毒的主要抗原。

非结构蛋白质　在被感染的细胞中表达的病毒蛋白，但不属于病毒体的组成部分（以 HIV-1 为例，它的病毒蛋白是 Nef、Tat、Rev、Vif、Vpr、Vpu）。

结构蛋白　参与病毒体组成的蛋白质：病毒包膜的衣壳、基质、糖蛋白。

原生动物　属于单细胞真核生物，其中一些会引起人类疾病，例如疟疾和神经系统非洲锥虫病。

原病毒 一种已经成为宿主基因组一部分，并且会遗传给后代的病毒。

准种 存在于同一宿主体内，由同一种原始病毒衍生的多种突变病毒。

受体 一种会在细胞表面进行表达的蛋白质分子（或蛋白质分子的复合物），该分子通过与病毒相互作用引发感染。

T 细胞受体 分布在 T 细胞表面，是一种能够结合抗原的分子。

Toll 样受体 一类非常重要的蛋白质，它们构成第一道免疫防线，对于抵抗微生物的入侵至关重要。

调整 对基因表达的调控。

复制 复制基因组产生新的备份，以在细胞分裂过程中传递给子细胞。

逆转座子 属于可移动的遗传元件，并且对应能够移动的 DNA 序列，最重要的是能够借助 RNA 在宿主的基因组中进行繁殖。它们的 RNA 能够被逆转录，因此在其名称中带有前缀 "retro"。LTR 序列（长末端重复序列）逆转座子在基因上与逆转录病毒非常相似，但是不具有传染性。

重组 当两种不同的病毒同时感染同一个细胞时，来自不同种类病毒的核酸片段会重新组合形成一种新的病毒。另详见突变。

逆转录病毒 遗传物质为 RNA 的病毒。拥有逆转录酶，使得它们增殖时都有将遗传物质 RNA 逆转录为 DNA，并将此 DNA 整合到宿主细胞的基因组中的能力。

核糖体 信使 RNA 合成蛋白质的场所，属于细胞质的一部分。

核酶 具有催化活性的 RNA 分子。核酶于 20 世纪 80 年代初被发现，托马斯·切赫和西德尼·奥尔特曼因此发现获得了 1989 年的诺贝尔化学奖。

转座重组 转座重组是一个重要的生理和进化过程。此过程中，DNA 的可移动元件（也被称为 "跳跃基因"，因为它能够移动到细胞基因组的不同位置）转座子或逆转座子插入并整合到特定的 DNA 区段中。转座子直接整合；逆转座子则需要首先转录成 RNA，然后逆转录成

DNA，并且只有这样才可以整合。

移植排斥　每次有细胞或组织从一个人的体内转移到另一个人的体内时，免疫系统都会检查它是否是外源性的。检查是通过一种位于细胞表面的分子（组织相容性抗原）来进行的。这些分子结构因人而异，并且只有同卵双胞胎会携带相同的抗原。排斥是针对外源性抗原的应答。为了阻止排斥反应，可以服用抗排斥药物。

风险　指发生有害或不良事件（疾病、外伤等）的可能性。在计算风险时，风险值介于0（根据计算假设的不可能发生的事件）和1（根据计算假设的确定会发生的事件）之间。

免疫反应　生物体对抗原的防御反应。在名为"非特异性"免疫的免疫反应的第一阶段，先天免疫细胞会吸收异物并将其呈递给适应性免疫系统的T细胞和B细胞。

RNA　核糖核酸，是由名为"核糖核苷酸"的核苷酸链组成的类似于DNA的生物大分子。对于将DNA中包含的遗传信息从细胞核转移到细胞质（在真核生物中）起着至关重要的作用。在核糖体中，这些信息被用于指导生产（或"合成"）蛋白质。RNA是逆转录病毒遗传信息的载体，由于特定的逆转录酶的作用，RNA能够逆转录为DNA，然后插入到宿主细胞基因组（真核或原核）中。

信使RNA（mRNA）　全称是信使核糖核酸。在这种核酸形式下，基因中包含的遗传信息从细胞核转移到细胞质。本质上，mRNA是核糖体内用于合成蛋白质的基因副本。

跨物种传染　是指病毒或者逆转录病毒从一个宿主转移到另一个宿主。近些年在人类身上出现了很多由病毒和细菌引起的新型传染病，这些都是跨物种传染给人类的，比如HIV-1、HIV-2、SARS（"非典"）病毒、"猪流感"。跨物种传染使病毒占据了新的生态位，但是同时也受到了一些限制，而且这些限制会决定病毒策略的成败。病毒的策略就是在自然宿主与新宿主之间正确利用融合机制，避免免疫反应，并且形成新的病毒。在这一过程中，病毒遇到的障碍越多，就需要越多的变异来适应新的环境；遇到的障碍越少，需要的变异自然也就越少，跨物种传染也就更简单。

核酸序列　DNA序列中仅包含四个不同的核苷酸：腺嘌呤、胞嘧啶、鸟嘌呤和胸腺嘧啶，它们通常以其首字母 A、C、G 和 T 来表示。我们的基因库包含大约 60 亿种可能的组合，这保证了我们的遗传独特性。

血清　血液中仅包含溶解分子（例如抗体）的液体部分。

合成　不同分子结合起来产生生物物质的过程。就生物大分子来说，合成是从"砖石"小分子（氨基酸是合成大分子蛋白质的砖石，核苷酸是合成大分子 DNA 和 RNA 的砖石）开始的。

免疫系统　人体中非常复杂的一个系统，是由很多种器官以及细胞组成的，能帮助身体抵御外来物质的侵袭感染。

SIV　猴免疫缺陷病毒。

物种　一群相互之间能繁殖产生后代（互交可孕性），且后代也具有繁殖能力的个体。

逆转录病毒结构　简言之，逆转录病毒由两条相同的 RNA 链、多种结构蛋白，以及酶促蛋白组成。最重要的病毒酶是逆转录酶、整合酶，以及蛋白酶。

基因结构　指基因组的组成，基因结构可通过基因组测序、基因鉴定、研究调控序列，以及重复序列等手段得出。

分子结构　构成分子的原子的三维排列。

超抗原　抗原的一种，包括一些细菌毒素。由于具有激活淋巴细胞克隆的能力，因此能够引发大规模破坏性的免疫反应。

上皮组织　由一层或多层细胞形成的组织，这些细胞排列在诸如皮肤、肠道、肝脏、卵巢和黏膜等腔室和器官上。

免疫耐受　指免疫系统对特定抗原的特异性无应答状态。

毒素　生物体产生的，对同种或不同种生物的生长或生存有害的化合物。

翻译　通过信使 RNA 合成蛋白质的过程，蛋白质是由氨基酸组合而成。翻译是在核糖体中进行的。

转录　将 DNA 复制到 RNA 的过程。这是从 DNA 到蛋白质所需经历的第一步，更确切地说，是从基因到其产物所需经历的第一步。

逆转录　也称为反转录。是逆转录病毒 RNA 复制到 DNA 的过程。它是逆转录病毒复制所需的最基本的过程，对逆转录病毒将遗传物质整合入宿主细胞 DNA 至关重要。

致瘤性转化 某一个细胞的逐步改变可能会导致其"永不死亡",以及具有致癌性。这种转化包括很多种现象:细胞增殖能力的提升,生长抑制作用丧失,不再依靠生长因子,对细胞凋亡以及各种疾病的敏感度降低。

转座 指一个或多个DNA基因从基因组的某一位点移动到同一细胞内的某一随机或特定的位点。转座子分为两类:转座子和逆转座子(详见逆转座子)。有些转座子具有可复制性,在这种情况下,可将转座子的副本插入到基因组的不同位点上;有些转座子是不可复制的,在这种情况下,转座子会在自身所处的位点上被切下,然后插入到基因组的另一位点上。逆转录转座子的功能类似于具有复制性的转座子,并且像所有逆转录病毒一样,它们在复制成DNA之前要经历RNA转录(逆转录)过程。

转座子 一类被称为"跳跃基因"的DNA序列,它们是DNA的可移动元件,可随机移动到基因组的不同位置上。

疫苗 由灭活或减弱(削弱)的病原体或其抗原决定簇制成的制剂,能够诱导宿主产生针对病原体的免疫力。

蠕虫 一种可以作为寄生生物生活在宿主体内的真核生物。

载体 通常是病毒或被称为"质粒"的一小段DNA,它们能够运输外源基因或者被修饰的基因。在基因疗法中,载体可以将所需基因"运送"给靶细胞。

病毒血症 血液中存在病毒颗粒。

病毒颗粒 完整的病毒颗粒由一种被称为"衣壳"的蛋白质保护层和一种被称为"包膜"的外层结构包围的核酸组成。

类病毒 具有传染性的单链RNA病原体。它比病毒要小,且没有典型病毒所有的蛋白质外壳,可导致植物细胞疾病。

毒力 病原体在生物体内繁殖并引发疾病的能力。

病毒 非常微小,一种介于生物与非生物之间的存在。可以感染宿主细胞。病毒基本上是由一个或者多个包含病毒基因的DNA分子或者RNA分子组成,并被一层或者多层蛋白质和脂质包裹。病毒为了繁殖,必须利用宿主细胞的代谢与转录能力。病毒既可以感染真核生物,也可以感染原核生物(细菌)。

致癌病毒 详见肿瘤病毒。

参考文献

i. Francis Crick, Life Itself. Its Origin and Nature, Simon & Schuster, New York 1981.
ii. Matt Ridley, Genoma, Instar Libri,Torino 2002 [corsivi miei].
iii. S. Brenner, Theoretical biology in the third millennium, Philosophical Transactions of the Royal Society of London, Series B. Biological Sciences, 354, 1999 [corsivi e traduzione sono miei].
iv. James Tesoriero et al., Harnessing the heightened public awareness of celebrity HIV disclosures: "Magic" and "Cookie", Johnson and HIV testing, AIDS Education and Prevention, 7[3], 1995, pp. 232–250.
v. Albert-László Barabási, La scienza delle reti, Einaudi, Torino 2004.
vi. David Landes, The Wealth and Poverty of Nations, W.W. Norton, New York 1999. La traduzione è mia.
vii. Peter H. Duesberg, HIV is not the cause of AIDS, Science, 241, 1988, pp. 514–516; Human immunodeficiency virus and acquired immunodeficiency syndrome: Correlation but not causation, Proc Natl Acad Sci USA, 86, 1989, pp. 755–764; AIDS epidemiology: inconsistencies with human immunodeficiency virus and with infectious disease, Proc Natl Acad Sci USA, 88, 1991, pp. 1575–1579.
viii. Marguerite Yourcenar, L'opera al nero, Feltrinelli, Milano 1969.
ix. Edward O. Wilson, Lettere a un giovane scienziato, Raffaello Cortina Editore, Milano 2013.
x. Margaret Chan, citata in Deborah Cohen e Philip Carter, WHO and the pandemic flu conspiracies, British Medical Journal, 340[2010], c2912.
xi. Rapporto preliminare del Consiglio d'Europa, citato ancora nell'articolo di Cohen e Carter, c3033 e c3167.
xii. Kant e l'ornitorinco, Bompiani, Milano 1997.
xiii. F. Hille et al., The biology of CRISPR/Cas: backward and forword, Cell, 172(6), 2018, pp. 1239–1259.